Über Kostenberechnung im Tiefbau

unter besonderer Berücksichtigung größerer Erdarbeiten

Von

Dr.-Ing. Heinrich Eckert

Mit 5 Abbildungen im Text
und 96 Tabellen

Berlin
Verlag von Julius Springer
1925

ISBN-13: 978-3-642-98710-6   e-ISBN-13: 978-3-642-99525-5
DOI: 10.1007/978-3-642-99525-5

Vorwort.

Die vorliegende Arbeit soll in erster Linie das Fundament bilden für einen sachgemäßen Aufbau der Kostenberechnungen für größere Erdarbeiten, dann aber auch dazu dienen, nach bereits erfolgter Zuschlagserteilung dem Bauleiter greifbare Unterlagen für seine Geräte- und Materialanforderungen an die Hand zu geben und ihn in seinen Baudispositionen und der Überwachung der Baustelle wirksam zu unterstützen.

Die Angaben über Bagger- und Arbeitsleistungen sowohl als auch vor allem über den Verbrauch an Betriebsstoffen setzen eine geordnete Geschäftsführung und straffe Organisation voraus und beziehen sich auf sonst normale Verhältnisse, worauf ausdrücklich hingewiesen sei. Sie sind das Ergebnis langjähriger praktischer Erfahrungen und können, sofern nicht ganz besondere Erschwernisse vorliegen, unbedenklich zunächst als Ausgangspunkt für die Baustelleneinrichtung usw. verwendet werden.

Grundbedingung ist dann allerdings, daß sie ständig kontrolliert und, falls sie aus irgendwelchen Gründen der Wirklichkeit nicht entsprechen, sofort berichtigt werden, wenn man sich vor Schaden bewahren will.

Es ist nun einmal eine Eigenart des Tiefbaus, daß jedes einzelne Objekt wieder anders ist, und daß sich für jeden Fall zutreffende Angaben infolgedessen überhaupt nicht machen lassen.

Das darf aber nicht dazu führen, daß man, wie dies leider nur allzu häufig geschehen ist, aus diesem Grunde lieber auf derartige Angaben und Anhaltspunkte ganz verzichtet und sich völlig hinter die Erfahrung verschanzt.

Es ist sicher, daß die Erfahrung nirgends so notwendig ist und auch nirgends eine so große Rolle spielt wie im Tiefbau, aber es ist ebenso sicher, daß für eine fortschrittliche Entwicklung des Tiefbaus kein Wort so verhängnisvoll war wie gerade dieses.

Jede Unternehmung und jeder einzelne Bauleiter glaubte, das Ergebnis der meist mühsam und oft auf recht kostspielige Weise erworbenen Erfahrungen für sich behalten zu müssen, und die betrübliche Folge vom Standpunkte der Gesamtwirtschaft aus war, daß immer und immer wieder von vorne angefangen und das gleiche Lehrgeld bezahlt werden mußte.

Auf die Dauer ist ein derartiger Zustand unerträglich, und nachdem eine Krankheit erst geheilt werden kann, wenn man ihre Ursachen kennt, hat es sich Verfasser zur Aufgabe gemacht, einen Weg zu suchen, welcher deren Auffindung einfacher gestaltet und zugleich geeignet ist, zu ihrer Beseitigung etwas beizutragen.

Ein solcher Weg zeigt sich in einem zweckdienlichen Aufbau der Kostenberechnung, die dadurch für den Bauleiter gleichzeitig zur Richtschnur für die Bauausführung werden kann. Sie muß einwandfrei erkennen lassen, mit welchen Leistungen, Besetzungen und Verbrauchsmengen gerechnet wurde, und damit einmal die Möglichkeit bieten, genau zu erforschen, warum die eine oder andere Annahme nicht zutrifft und etwaige Differenzen hinsichtlich der Auffassung über den Umfang von Leistungen und Lieferungen rasch aufzuklären und zum anderen ein steter Anreiz sein, durch unablässiges Streben nach Verbesserung der Arbeitsmethoden und der Betriebsorganisation nicht nur Einsparungen für den betreffenden Fall zu erzielen, sondern die gesamte Bauwirtschaft mit heben zu helfen.

Es ist nicht zu verkennen, daß ein Haupthindernis auf diesem Wege die Abneigung des Personals gegen derartige nach seiner Ansicht überflüssige Kontrollen ist. Dieser Widerstand muß gebrochen werden, und der Erfolg kann dann nicht ausbleiben.

Das Gebiet einer rationellen Bewirtschaftung der Betriebsstoffe bietet allein schon ungeahnte Aussichten, und so wie hier liegen die Verhältnisse genau betrachtet fast überall.

Verfasser ist sich vollkommen klar darüber, daß seine Angaben, insbesondere über die Ermittlung des Betriebsstoffverbrauchs, noch mit den üblichen Mängeln aller derartigen Erstlingsversuche behaftet sind und wesentlich verbessert werden können. Das sind eben Dinge, die nicht von heute auf morgen geschaffen werden, sondern nur in langsamer, zielbewußter Arbeit heranreifen, und wenn dieses Buch seinen Zweck, Anregungen zu geben, auf denen auch von anderer Seite sinngemäß weitergebaut werden kann, erfüllt, so ist die aufgewendete Mühe nicht umsonst gewesen.

Zu den Preisen der Tabellen 39—78 ist zu bemerken, daß dieselben immer noch großen Schwankungen unterworfen sind, und daß es sich für den Unternehmer in seinem eigensten Interesse empfiehlt, im Bedarfsfalle besondere Angebote einzuholen.

Den verschiedenen am Schlusse der Arbeit erwähnten Maschinenfabriken, welche die erbetenen Aufschlüsse mit größter Bereitwilligkeit erteilten, sowie Herrn Professor Georg Halter von der Technischen Hochschule zu München, der in liebenswürdiger Weise auf die Untersuchungen von Dr. Oerley aufmerksam machte, und der Verlagsbuchhandlung Julius Springer, Berlin, welche meinen Wünschen und Anregungen stets verständnisvoll entgegenkam und für eine gediegene Ausstattung des Buches sorgte, sei auch an dieser Stelle der wärmste Dank ausgesprochen.

München, im Dezember 1924.

H. Eckert.

Inhaltsverzeichnis.

Einleitung.

Eine richtige Ermittlung der Einheitspreise ist nur möglich, wenn vollkommene Klarheit herrscht über den Umfang der damit abgegoltenen Leistungen.

Diese Klarheit zu schaffen ist in erster Linie Aufgabe des Verdingungsanschlags.

Der Minister der öffentlichen Arbeiten führt dazu in seinem Erlaß betreffend das Verdingungswesen vom 23. Dezember 1905 unter II Ziffer 1 (3) folgendes aus:

„Für die Ausführung von Bauten sind zur Verabfolgung an die Bewerber bestimmte Verdingungsanschläge aufzustellen, gegebenenfalls unter Zuziehung besonderer Sachverständiger. In den Anschlägen sind sämtliche Hauptleistungen sowie die Nebenleistungen, die zwar zur planmäßigen Ausführung der Leistung oder Lieferung nach Verkehrssitte mitgehören, aber für die Preisbemessung besondere Bedeutung besitzen, ersichtlich zu machen. Soweit angängig, sind den Verdingungsanschlägen die zur Klarstellung der Art und des Umfangs der zu vergebenden Leistungen und Lieferungen geeigneten zeichnerischen Darstellungen und Massenberechnungen beizugeben.“

Diese Bestimmungen sind deutlich genug gehalten und würden bei genauer Einhaltung seitens der ausführenden Organe dem Unternehmer zweifellos das geben, was er zu einer richtigen Ermittlung der Preise braucht: eine erschöpfende Darstellung der von ihm verlangten Leistungen und Lieferungen nebst den zum besseren Festhalten der bei der Besichtigung der Baustelle gewonnenen Eindrücke notwendigen wichtigsten Planunterlagen.

Die praktische Auswirkung dieser Vorschriften war leider vielfach eine ganz andere.

Die Bestimmung, daß in den Anschlägen sämtliche Hauptleistungen sowie die Nebenleistungen usw. ersichtlich zu machen sind, hat mehr und mehr dazu geführt, daß diese Nebenleistungen einfach in dem Text der Hauptleistung mit aufgezählt wurden, und daß die Behörden glaubten, damit den obigen Vorschriften Genüge geleistet zu haben.

Dem Sinne nach dürfte dies jedoch auf keinen Fall zutreffen, denn der Schlußsatz spricht ausdrücklich von Klarstellung der Art und des Umfanges der zu vergebenden Leistungen und Lieferungen, und das hat zur Folge, daß eigentlich auch alle den letzteren Punkt betreffenden Angaben zugleich mit der Aufzählung gemacht werden müßten.

Dies geschieht aber nie, und so bleibt dem Unternehmer, wenn er den Preis für eine solche Sammelposition richtig ermitteln will, nichts anderes übrig, als an Hand der Pläne und Massenberechnungen selbst den Umfang der Einzelbestandteile feststellen zu lassen, sofern die für die Angebotsbearbeitung zur Verfügung stehende Zeit dies überhaupt gestattet.

Bedenkt man, daß solche Feststellungen meistens nur an dem Orte möglich sind, wo die gesamten Angebotsunterlagen zur Einsicht aufliegen, und daß dieselben von jedem einzelnen Bewerber gemacht werden müssen, während doch immer nur ein einziger den Auftrag hereinbringen kann, so sieht man daraus, welche ungeheure wirtschaftliche Vergeudung ein derartiges Verfahren darstellt.

Es ist deshalb dringend zu fordern, daß mit diesem Unfug der Sammelpositionen aufgeräumt und dazu übergegangen wird, die Leistungsverzeichnisse so aufzubauen, daß derartige unproduktive Erhebungen für die Preisermittlung durch die Unternehmer ein für allemal in Wegfall kommen.

Diese Forderung ist gleichbedeutend mit einer weitgehenden Auflösung der Gesamtleistungen in Einzelpositionen und begegnet vor allem darum einem erheblichen Widerstand bei den ausschreibenden Stellen, weil befürchtet wird, daß bei einer Änderung der Mengen dem Unternehmer zu viele Handhaben für Nachforderungen zur Verfügung stehen.

Bis zu einem gewissen Grade ist diese Befürchtung nicht unbegründet, denn bei dem bisher fast ausnahmslos üblichen Verfahren, Baustelleneinrichtung und Baustellenabräumung auf die Gesamtheit der Leistungen umzulegen, ist es natürlich für den Unternehmer sehr wesentlich, daß sich die Mengen, auf welche die Umlegung erfolgte, nicht zu erheblich verschieben.

Diesem Übelstande kann aber leicht abgeholfen werden durch einen anderen Aufbau der Verdingungsanschläge, und dazu mögen folgende Anregungen dienen:

Jeder Verdingungsanschlag ohne Ausnahme sollte zerlegt werden in drei Hauptabschnitte:

    I. Baustelleneinrichtung,
    II. Eigentliches Leistungsverzeichnis und
    III. Baustellenabräumung.

Hauptabschnitt I ist, abgesehen von ganz einfachen Fällen, in denen eine einzige Position vollkommen genügt, zweckmäßig zu unterteilen in:

    1. Antransport der Geräte und Werkzeuge und
    2. Einrichtungsarbeiten auf der Baustelle.

Hauptabschnitt II kann nach den einschlägigen Vorschriften der einzelnen Verwaltungszweige unterteilt werden, wobei speziell für Erdarbeiten darauf zu achten ist, daß sich die Hauptposition unter Angabe des zu erwartenden Materials auf Lösen, Laden, Transportieren und die wesentlichste Art der Verwendung beschränken sollte.

Kommen daneben noch andere Verwendungsarten vor, wie z. B. wenn es sich in der Hauptsache um Ablagerungen handelt, ein teilweiser Einbau in Dämme oder die Schüttung von Brückenrampen und dergleichen, die sich nach dem für ihre Ausführung erforderlichen Aufwande erheblich von dem der Hauptverwendungsart unterscheiden, so sind diese herauszuziehen und als eigene Position etwa in Form von Zuschlagspreisen besonders zu behandeln.

Das gleiche gilt für stark abweichende Bodenarten (z. B. Felsen).
Ebenso sind auf alle Fälle eigens aufzuführen:

der Abhub des Rasens oder Mutterbodens nach qm,
Rodungsarbeiten nach qm,
Abtreppungen u. dergl. nach cbm,
Planierungsarbeiten nach qm,
Rasen oder Humus andecken nach qm,
etwa notwendige große Schüttgerüste als Pauschalbetrag und
etwaige Wasserhaltung.

Bezüglich der letzteren ist zu bemerken, daß eine Vergütung durch
eine Pauschalsumme nur gewählt werden sollte bei kleineren Wasserhaltungsarbeiten.

Bei umfangreichen und deshalb in ihrer ganzen Auswirkung gar nie
zuverlässig zu schätzenden Wasserhaltungsarbeiten empfiehlt sich eine
Unterteilung in:

a) Betriebsfertige Herstellung von Pumpschächten nach stgdm,

b) Aufstellung, Unterhalt und Beseitigung einer Pumpenanlage von
. . . mm l. W. pauschal,

c) Wasserhaltung mittels Zentrifugalpumpe von . . . mm l. W.
nach Betriebsstunden,

d) Zuschlag zum Einheitspreis unter c) für Überstunden und

e) Zuschlag zum Einheitspreis unter c) für Nacht- und Sonntagsstunden.

Hauptabschnitt III ist analog dem Hauptabschnitt I zu zerlegen in:
1. Aufräumungsarbeiten und
2. Abtransport der Geräte und Werkzeuge.

Für den Bauherrn hat eine solche Zergliederung des Verdingungsanschlags den Vorteil, daß bei einer Arbeitseinstellung aus irgendwelchen Gründen greifbare Unterlagen für alle weiteren Verhandlungen
vorhanden sind, und daß er bei der Ermittlung der einzelnen Vordersätze nicht allzu ängstlich zu sein braucht, weil bei einem solchen
Aufbau eine Verschiebung derselben dem Unternehmer nur mehr selten
eine Handhabe für Nachforderungen bieten wird.

Für den Unternehmer hat diese Struktur den Vorzug, daß er seine
Aufwendungen für Einrichtung und Abbau der Baustelle unabhängig
vom Umfang der eigentlichen Leistungen auf jeden Fall sichergestellt
weiß und infolgedessen keinerlei Risikozuschläge mehr einrechnen muß,
und daß er außerdem sofort nach Einrichtung der Baustelle bzw. bei
großen Objekten schon während derselben in den Besitz der dafür aufgewendeten Geldvorlagen kommt und die mit der früher üblichen allmählichen Abtragung verbundenen Zinsverluste spart.

Beide Vertragsparteien hätten aus einer solchen Gestaltung einen
unbestreitbaren Nutzen, und es wäre nur zu wünschen, daß dieselbe in
möglichst weiten Kreisen die ihr gebührende Beachtung fände.

Aber selbst wenn dies nicht der Fall sein sollte, wird es sich für den
Unternehmer empfehlen, bei der Kostenberechnung nach diesen Gesichtspunkten zu verfahren, denn er hat dadurch ein wertvolles Hilfs-

mittel, den Betrieb von Anfang an richtig zu kontrollieren, und zugleich die Möglichkeit, einer moralischen Verpflichtung gerecht zu werden, welche die Not unseres Vaterlandes allen Industriezweigen auferlegt und die man kurz zusammenfassen kann mit den Worten: möglichst wirtschaftlich arbeiten.

Wirtschaftlich bauen heißt, ein geplantes Werk in bester Beschaffenheit mit dem geringsten Aufwand an Mitteln und in möglichst kurzer Zeit herstellen.

Für die Erreichung dieses Zieles ist ein gut durchgearbeitetes Bauprogramm und eine vernünftige Festsetzung der Bautermine von ausschlaggebender Bedeutung, und es soll deshalb zunächst hierüber einiges gesagt werden.

I. Bauprogramm und Festsetzung der Bautermine.

Bauprogramm und Bautermine sind zwei Dinge, welche in engster Beziehung zu einander stehen: der Bauherr braucht ein wohldurchdachtes Bauprogramm, um die Termine so festsetzen zu können, daß deren Einhaltung möglich ist, und der Unternehmer braucht ein solches, um sich klarzuwerden, ob und auf welche Weise die geforderte Arbeit innerhalb der gestellten Frist bewältigt werden kann.

Sind die Termine zu knapp bemessen, so ist die natürliche Folge, daß die einzelnen Arbeitsstellen in unrationeller Weise übersetzt werden, und daß die wirtschaftliche Durchführung der Arbeit in erheblichem Maße Schaden leidet.

Dieser Nachteil muß in Kauf genommen werden, wenn es sich um Arbeiten handelt, deren rascheste Durchführung ohne Rücksicht auf die damit verbundenen Kosten im allgemeinen Interesse liegt, z. B. bei Behebung von Schäden, welche durch irgendwelche Katastrophen oder dergleichen entstanden sind.

Er kann unter Umständen noch gerechtfertigt sein in Fällen, wo die mit einer rascheren Fertigstellung des Werkes verknüpften Vorteile den damit verbundenen Mehraufwand an Baukosten bestimmt aufwiegen. Die Entscheidung hierüber ist nur nach eingehender Prüfung aller einschlägigen Verhältnisse möglich, und es sollte dabei nie übersehen werden, daß zu sehr forcierte Betriebe häufig zu Störungen führen und damit ohne irgend ein Verschulden der Beteiligten die erhofften Vorteile großenteils illusorisch machen.

Der Normalfall müßte unter allen Umständen der sein, daß die Termine so bemessen werden, wie es eine ordnungsgemäße Durchführung ohne jede unnatürliche Beeinflussung erfordert, und nachdem eine solche Terminfestsetzung nur an Hand des Bauprogrammes erfolgen kann, mögen zunächst die drei bei dessen Aufstellung wesentlichen Bestandteile erörtert werden:

A. Arbeits- und Betriebszeit,
B. Zeitaufwand für Baustellenaufschließung und -einrichtung,
C. Leistungsfähigkeit der Geräte.

A. Arbeits- und Betriebszeit.

Nach Abzug der Sonntage und gesetzlichen Feiertage verbleiben in den protestantischen Gegenden Deutschlands etwas mehr, in den katholischen etwas weniger als 300 Arbeitstage, im Mittel also etwa 300 Arbeitstage pro Jahr oder 25 Arbeitstage pro Monat.

Im Tiefbau handelt es sich fast ausnahmslos um Arbeiten, die im Freien ausgeführt werden müssen und bei denen infolgedessen die Witterung eine erhebliche Rolle spielt, und man wird darum für die Baudisposition und Veranschlagung niemals mit 25 Betriebstagen pro Monat rechnen dürfen, sondern stets nur mit einer geringeren Zahl.

Janssen gibt in seinem Buch „Der Bauingenieur in der Praxis" den Ausfall an Betriebstagen wegen ungünstiger Witterung mit 50 an und rechnet außerdem, daß bei maschinellen Betrieben für Unterbrechungen durch Reparaturen, Revisionen usw. weitere Betriebstage verlorengehen, so daß für solche Baustellen überhaupt nur 230 Betriebstage pro Jahr angesetzt werden dürften.

Auf die gleiche Anzahl von Betriebstagen kommt Dr.-Ing. Hugo Ritter in seinem Werkchen „Kostenberechnung im Ingenieurbau".

In beiden Fällen ist zu beachten, daß die Angaben für Tiefbauarbeiten im allgemeinen gemacht wurden, und daß die Endergebnisse nicht zuletzt wesentlich beeinflußt waren von der Erwägung, daß die meisten Bauarbeiten und vor allem die Beton- und Maurerarbeiten während des Winters zeitweise ganz eingestellt werden müssen.

Für größere Erdarbeiten, um die es sich bei der vorliegenden Arbeit hauptsächlich handelt, treffen diese Angaben nicht mehr zu.

Eingehende Untersuchungen, welche vom Verfasser speziell daraufhin angestellt wurden und die sich auf die verschiedensten Verhältnisse im Verlaufe einer ganzen Reihe von Jahren und während aller Jahreszeiten erstrecken, haben vielmehr das Ergebnis gezeitigt, daß man bei Eimerbaggerarbeiten mit durchschnittlich 23 Betriebstagen pro Monat und bei Löffelbaggerarbeiten mit durchschnittlich 22 Betriebstagen pro Monat rechnen kann.

Die Untersuchungen erstreckten sich zum größten Teil auf Baggerungen aus dem Trockenen; für Baggerungen aus dem Wasser wird man mit Rücksicht auf den Winter nur mit 20 Betriebstagen pro Monat im Durchschnitt rechnen können.

Die verhältnismäßig hohe Anzahl von Betriebstagen ist einmal darauf zurückzuführen, daß bei Maschinenbetrieben der Neigung der Arbeiterschaft, bei ungünstiger Witterung die Arbeit niederzulegen, im allgemeinen viel energischer entgegengetreten wird, und dann aber auch darauf, daß eine sorgsame Behandlung der Geräte bei gut geleiteten Unternehmungen und der Ausbau der Reparaturwerkstätten auf den Baustellen den Verlust an Betriebstagen wegen Reparaturen auf ein Mindestmaß herabgedrückt hat.

Der Unterschied zwischen Eimerbaggerbetrieben und Löffelbaggerbetrieben dürfte wohl daher kommen, daß der Löffelbagger auf der Sohle seines jeweiligen Baggerschnittes arbeitet und dadurch auf die Witterungsverhältnisse etwas empfindlicher reagiert.

Ganz allgemein ist zu bemerken, daß diese Zahlen natürlich nur verwendet werden dürfen bei Arbeiten, welche sich über einen größeren Zeitraum erstrecken.

Handelt es sich dagegen um eine Arbeit, deren Durchführung nur kurze Zeit erfordert, so ist unter allen Umständen auf die Jahreszeit entsprechende Rücksicht zu nehmen und die anzunehmende Zahl der Betriebstage evtl. demgemäß zu berichtigen.

B. Zeitaufwand für Baustellenaufschließung und Baustelleneinrichtung.

Ein weiterer wesentlicher Punkt für die Festsetzung der Bautermine ist die richtige Einschätzung des Zeitaufwandes, welcher notwendig ist, bis die eigentliche Arbeit beginnen kann.

Dieser Zeitaufwand ist in erster Linie abhängig von den Aufschließungsmöglichkeiten:

ob ausreichende Entladegelegenheit auf der nächsten Bahnstation bereits vorhanden ist oder erst geschaffen werden muß,

ob die Aufstellung eines Portalkranes für die Entladung der Waggons möglich ist, oder ob auch die schweren und unhandlichen Teile ohne dieses wichtige Hilfsmittel ausgeladen werden müssen,

ob der Transport der Baugeräte und Werkzeuge von der Entladestation zur Verwendungsstelle mittels Rollbahn erfolgen kann, oder ob dafür Fuhrwerke bzw. Kraftwagen in Anspruch genommen werden müssen, und endlich

ob in letzterem Falle die vorhandenen Straßen und Kunstbauten ohne weiteres einen derartigen Verkehr aufnehmen können, oder ob sie erst besonderer Zurichtung bedürfen.

Bei großen Erdarbeiten sollten diese Fragen zusammen mit den übrigen Vorarbeiten stets vorweg geklärt und womöglich auch gleich erledigt werden, damit keine kostbare Zeit verlorengeht.

Kann dies aus irgendwelchen Gründen nicht geschehen, so ist die dafür nötige Zeit im Bauprogramm vorzusehen und bei der Terminfestsetzung zu berücksichtigen.

In zweiter Linie ist für die Bestimmung des Zeitpunktes der Inbetriebnahme von Baggern und damit des Beginnes der eigentlichen Bauarbeiten maßgebend:

1. innerhalb welcher Frist der Antransport der Bestandteile zur Montagestelle möglich ist,

2. ob mit der Montage sofort begonnen werden kann,

3. welche Zeit für die Montage erforderlich ist und

4. welche Zeit die betriebsfertige Herstellung der zum Abtransport der geförderten Massen notwendigen Gleisanlagen beansprucht.

Zu Ziffer 1 ist zu bemerken, daß eine Entladekolonne von 8 Mann mit Hilfe eines Portalkranes in der Lage ist, in 8 Stunden etwa 2 Waggons mit zusammen 30 t Baggerteile auf andere Transportmittel umzuladen, und daß es unter einigermaßen normalen Verhältnissen nicht allzuschwer sein wird, diese innerhalb 24 Stunden an die Montagestelle zu verbringen und dort abzuladen.

Ziffer 2 wird im allgemeinen mit Ja zu beantworten sein.

Bei Eimerbaggern kann es jedoch vorkommen, daß vor der Inangriffname der Baggermontage größere Erdarbeiten zu erledigen sind, und es ist dann die dafür erforderliche Zeit auf Grund der örtlichen Verhältnisse und der bei Förderung von Hand erzielten Leistungen möglichst genau zu schätzen.

Die Einführung in die Bauzeitberechnung ist nur notwendig, soweit der Zeitaufwand dem Beginn der Montage vorangeht bzw. falls die Gesamtvorbereitung bis zum Beginn der Baggerung mehr Zeit erfordert als die Baggermontage darüber hinaus mit dem Betrag, um welchen die Montagezeit überschritten wird.

Ziffer 3 behandelt die Montagezeit für die einzelnen Bagger und kann angenommen werden wie folgt:

a) Eimerbagger:

Type E 1	24—28	Arbeitstage
„ B	21	„
„ A	18	„
„ O	15	„
„ C	12	„
„ F	10	„

Das Legen der Baggergleise wird sich, von besonderen Fällen abgesehen, in denen damit nicht rechtzeitig genug begonnen werden kann oder sonstige Hindernisse vorliegen, ebenfalls innerhalb dieser Frist erledigen lassen.

b) Löffelbagger:

Modell G 20 u. G	12	Arbeitstage
„ F 2	10	„
„ F 1	8	„
„ C 2 u. E	6	„

c) Greifbagger:

Größe E	6	Arbeitstage
„ C 1	4	„

Zu diesen Angaben ist zu erwähnen, daß dieselben unter Berücksichtigung von täglich 8 Stunden Arbeitszeit gelten und daß darin bereits dem Umstande Rechnung getragen wurde, daß es bei Eröffnung einer Baustelle immer einige Zeit dauert, bis man eine für solche Arbeiten geeignete Mannschaft beisammen hat.

Ziffer 4 betrifft die betriebsfertige Herstellung der Transportgleise und wird einer besonderen Berücksichtigung nur bedürfen, wenn der dafür erforderliche Zeitaufwand den für Ziffer 2 und 3 ohnehin erforderlichen noch überschreitet.

Die genaue Feststellung muß erfolgen an Hand eines Gleisplanes, und es kann angenommen werden, daß von einer Stelle aus bei flotter Materialanlieferung pro 8stündigem Arbeitstag unter sonst einfachen Verhältnissen, d. h. bei nicht zu vielen Erdarbeiten, etwa 200 m Gleis betriebsfähig hergestellt werden können.

Bei Einsatz mehrerer Bagger ist stets die Entlademöglichkeit zu berücksichtigen und in die Bauzeitberechnung eine angemessene Zeitspanne einzuführen.

Sind für die Inbetriebnahme der Bagger besondere Anlagen, wie elektrische Zentralen u. dgl. nötig, so wird dafür je nach Umfang und Ausstattung noch ein entsprechender Zuschlag zu machen sein.

C. Leistungsfähigkeit der Geräte.

Maßgebend für die Leistungsfähigkeit der Geräte ist vor allem die Beschaffenheit des Bodens, und es ist deshalb notwendig, die verschiedenen Bodenarten nach dem Widerstand, den sie einer Loslösung aus ihrer Umgebung entgegensetzen, in eine beschränkte Anzahl von Gruppen einzuteilen, was am zweckmäßigsten geschieht in folgender Weise:

1. Leichter Boden, wie Humus, loser trockener Sand und Kies, Dammerde, d. h. Erdarten ohne jeden inneren Zusammenhang, welche zu ihrer Lösung keines besonderen Arbeitsaufwandes bedürfen und mit gewöhnlichen Schaufeln gewonnen und verladen werden (Schaufelboden);

2. Mittelschwerer Boden, wie festgelagerter Sand, feiner fester Kies, leichtere Lehmarten, welche sich noch mit dem Spaten stechen lassen, Torf, d. h. Erdarten mit geringem innerem Zusammenhang (Stichboden);

3. Schwerer Boden, wie grober festgelagerter Kies, die verschiedenen Tonarten, schwerer Letten und Lehm, Mergel, mit losen Steinen durchsetzte Bodenschichten, d. h. Erdarten mit großem innerem Zusammenhang (Hackboden);

4. Sehr schwerer Boden, wie schwerer Mergel, Trümmergestein, Gerölle, weicher, mit der Spitzhacke noch zu lösender Felsen, d. h. Erdarten, welche bereits den Übergang zum festen Felsen bilden (schwerer Hackboden);

5. Felsen in Bänken und Massengestein (Sprengboden).

Für die Gewinnung mittels Eimerbagger kommen nur die 1. bis 3. Gruppe in Frage, für jene mit Löffelbagger dazu noch die 4. Gruppe.

Neben der Beschaffenheit des Bodens ist von ausschlaggebender Bedeutung für die Leistungsfähigkeit der Geräte, ob die Baggerung aus dem Trockenen erfolgt oder aus dem Wasser; letzterer Fall kann natürlich nur vorkommen bei Verwendung von Eimerbaggern oder Greifbaggern.

Ist Wasser vorhanden, und es besteht die Aussicht, daß dasselbe abgesenkt werden kann, so ist es Sache einer vergleichenden Kostenberechnung, festzustellen, was wirtschaftlicher ist: Baggerung aus dem Wasser oder Baggerung unter Wasserhaltung aus dem Trockenen.

Als Leistungen, welche dauernd pro tatsächlich geleistete Betriebsstunde erzielt werden können, darf man annehmen:

1. Baggerung aus dem Trockenen.

a) Eimerbagger der Lübecker Maschinenbaugesellschaft.

Tabelle 1.

Type	E 1		B	A	O	C	F
	300 l	250 l					
Eimerinhalt l	300	250	250	180	140	100	60
Größte Baggertiefe . . . . m	15	17	15	10	9	8	6
„ Abtragshöhe. . . . m	14	16	10	10	8	8	6
Effektive Stundenleistung in leichtem Boden cbm	270	225	180	140	100	70	40
„ mittelschwerem „ „	220	185	150	110	75	50	30
„ schwerem „ „	150	125	100	75	50	30	20

b) Löffelbagger von Menck & Hambrock.

Tabelle 2.

Modell		G 20	F 2	F 1	E	C 2
Löffelinhalt	cbm	2 (bis 2,5)	1,6	1,3	1,0	0,75
Größte Reichweite vom Dreh- punkt bis Vorderkante Löffel- zähne	m	12,20	9,70	9,00	8,30	7,20
Größte Ausschütthöhe über Schienenoberkante	m	8,05	5,44	5,10	4,77	3,90
Effektive Stundenleistung in leichtem Boden . .	cbm	100 (bis 125)	80	65	50	40
„ mittelschwerem „ . .	„		90	70	55	40	30
„ schwerem „ . .	„		70	48	35	—	—
„ sehr schwerem „ . .	„		45	30	—	—	—

c) Greifbagger von Menck & Hambrock.

Tabelle 3.

Größe		F 2	F 1	E	D	C 2	C 1
Greiferinhalt	cbm	1,25	1,00	0,80	0,65	0,50	0,40
Ausladung von Drehpunkt bis Mitte Greifer	m	11,30	10,40	10,00	8,10	7,50	7,50
Freier Raum über Schienenober- kante bei offenem Greifer .	m	3,00	2,70	2,50	2,50	2,50	2,50
Größte Baggertiefe unter Schie- nenoberkante	m	15,50	15,50	15,50	15,50	15,50	15,50

Die Leistungen der Vierseilgreifbagger wechseln je nach der Bodenart, ja sogar bei der gleichen Bodenart je nach dem Zustand, ob feucht oder trocken, außerdem nach Hubhöhe, Drehwinkel und den sonstigen Verhältnissen der Baustelle derartig, daß allgemeine Angaben darüber vollkommen zwecklos sind.

2. Baggerung aus dem Wasser (Eimerbagger).

Hier ist innerhalb der einzelnen Gruppen zu unterscheiden zwischen Bodenarten, welche gegen Wasser weniger empfindlich sind (z. B. Sand und Kies), und solchen, welche durch das Vorhandensein von Wasser erheblich beeinflußt werden (z. B. Lehm, Mergel usw.).

a) Gegen Wasser wenig empfindliches Material.

Tabelle 4.

Type		E 1		B	A	O	C	F
		300 l	250 l					
Effektive Stundenleistung in leichtem Boden cbm		240	200	160	125	90	65	35
„ mittelschwerem „ „		200	165	135	100	70	45	25
„ schwerem „ „		130	110	90	70	45	25	18

b) Gegen Wasser empfindliches Material.

Tabelle 5.

Type	E 1		B	A	O	C	F
	300 l	250 l					
Effektive Stundenleistung							
in leichtem Boden cbm	215	180	145	110	80	55	30
„ mittelschwerem „ „	170	140	110	80	55	35	20
„ schwerem „ „	110	90	75	55	35	20	15

Die Stundenleistungsangaben der Tabellen 1, 2, 4 u. 5 sind von Wichtigkeit für die Dimensionierung des Fahrparks und für diesen Zweck ausschließlich zu verwenden. Direkt verkehrt wäre es dagegen, diese Werte auch für die Bauzeitbestimmung und Kostenberechnung im allgemeinen herzunehmen.

Der Grund ist darin zu suchen, daß diese Zahlen die Leistungen pro tatsächlich geleistete Betriebsstunde darstellen und noch nicht berücksichtigen, daß Anzahl der möglichen Betriebsstunden und Anzahl der wirklich geleisteten Betriebsstunden Dinge sind, die bei jedem Bau mehr oder weniger von einander abweichen.

Das Verhältnis der tatsächlichen zu den möglichen Betriebsstunden hängt hauptsächlich ab von folgenden drei Faktoren:

1. der Bodenart,
2. der täglichen Arbeitszeit und
3. der Aufnahmefähigkeit der Kippen.

Bezüglich der Bodenart kann man bei Eimerbaggerbetrieben wie bei Löffelbaggerbetrieben sagen, daß sich das Verhältnis um so ungünstiger gestaltet, je schwieriger das zu fördernde Material ist.

Hinsichtlich der täglichen Arbeitszeit ist ein Unterschied zu machen zwischen Eimerbaggerbetrieben und Löffelbaggerbetrieben insofern, als bei Eimerbaggern ein ununterbrochener Tag- und Nachtbetrieb das Verhältnis in erheblichem Maße ungünstig beeinflußt, während bei Löffelbaggern dieser Umstand nur ganz wenig ins Gewicht fällt.

Was den dritten Punkt anbetrifft, so ist zu bemerken, daß für die Bereitstellung ausreichender Kippmöglichkeiten unbedingt gesorgt werden muß, wenn man nicht riskieren will, daß die Leistung der Bagger ganz wesentlich beeinträchtigt wird.

Sind ausreichende Kippmöglichkeiten weder vorhanden noch zu beschaffen, so ist dieser Umstand bei der Bauzeitfestsetzung und Kostenberechnung entsprechend zu berücksichtigen.

Von ganz besonderen Fällen abgesehen, werden sich die Störungen im Baggerbetrieb ziemlich gleichmäßig über die ganze Bauzeit verteilen, und man dürfte deshalb der Wirklichkeit am nächsten kommen, wenn man als Leistung für die ganze Anzahl der möglichen Betriebsstunden unter sonst normalen Verhältnissen folgende Werte annimmt:

1. Baggerung aus dem Trockenen und Betrieb mit Pausen.

a) Eimerbagger.

Tabelle 6.

Type	E 1		B	A	O	C	F
	300 l	250 l					
Effektive Stundenleistung							
in leichtem Boden cbm	250	210	165	128	92	65	36
„ mittelschwerem „ „	190	160	128	95	65	42	25
„ schwerem „ „	120	100	80	60	40	24	16

b) Löffelbagger.

Tabelle 7.

Modell	G 20	F 2	F 1	E	C 2
Effektive Stundenleistung					
in leichtem Boden . . . cbm	96 (bis 120)	75	60	45	35
„ mittelschwerem „ . . . „	75	60	48	35	25
„ schwerem „ . . . „	55	40	28	—	—
„ sehr schwerem „ . . . „	32	24	—	—	—

2. Baggerung aus dem Trockenen und Betrieb ohne Unterbrechung.

a) Eimerbagger.

Tabelle 8.

Type	E 1		B	A	O	C	F
	300 l	250 l					
Effektive Stundenleistung							
in leichtem Boden cbm	245	205	160	125	90	62,5	35
„ mittelschwerem „ „	180	150	120	90	60	40	24
„ schwerem „ „	110	90	72	55	35	21	14

b) Löffelbagger.

Tabelle 9.

Modell	G 20	F 2	F 1	E	C 2
Effektive Stundenleistung					
in leichtem Boden . . . cbm	92 (bis 115)	72	58	44	34
„ mittelschwerem „ . . . „	72	58	46	34	24
„ schwerem „ . . . „	52	38	27	—	—
„ sehr schwerem „ . . . „	30	22	—	—	—

3. Bagger aus dem Wasser und Betrieb mit Pausen.

(Eimerbagger.)

a) Gegen Wasser wenig empfindliches Material.

Tabelle 10.

Type	E 1		B	A	O	C	F
	300 l	250 l					
Effektive Stundenleistung							
in leichtem Boden cbm	220	185	150	115	82	60	32
„ mittelschwerem „ „	170	140	115	85	60	38	22
„ schwerem „ „	105	90	75	55	35	20	15

b) Gegen Wasser empfindliches Material.

Tabelle 11.

Type	E 1		B	A	O	C	F
	300 l	250 l					
Effektive Stundenleistung							
in leichtem Boden cbm	200	165	130	100	72	50	27
„ mittelschwerem „ „	145	120	95	68	48	30	17
„ schwerem „ „	90	75	60	45	28	16	12

4. Baggerung aus dem Wasser und Betrieb ohne Unterbrechung.
(Eimerbagger.)

a) Gegen Wasser wenig empfindliches Material.

Tabelle 12.

Type	E 1		B	A	O	C	F
	300 l	250 l					
Effektive Stundenleistung							
in leichtem Boden cbm	215	180	145	112	80	58	30
„ mittelschwerem „ „	160	132	110	80	56	35	20
„ schwerem „ „	95	80	68	50	32	18	13

b) Gegen Wasser empfindliches Material.

Tabelle 13.

Typo	E 1		B	A	O	C	F
	300 l	250 l					
Effektive Stundenleistung							
in leichtem Boden cbm	195	160	125	98	70	48	25
„ mittelschwerem „ „	138	115	90	65	45	28	15
„ schwerem „ „	80	68	54	40	25	14	10

Es sei an dieser Stelle nochmals ausdrücklich darauf hingewiesen, daß die Zahlen der Tabellen 6—13 Durchschnittswerte unter normalen Verhältnissen darstellen und einer entsprechenden Korrektur bedürfen, sobald dies nicht mehr zutrifft.

Unter normalen Verhältnissen ist dabei zu verstehen, daß nicht etwa aus Gründen, die bei der Unternehmung liegen, ein B-Bagger verwendet wird, wo die Arbeit gerade so gut durch einen O-Bagger geleistet werden könnte, daß eine zügige Entwicklung des Baggerbetriebes möglich ist und nicht durch Kunstbauten und ähnliche Hindernisse die Gesamtstrecke in eine ganze Reihe kurzer und damit teurer Teilstrecken zerrissen werden muß, und endlich, worauf schon weiter oben hingewiesen wurde, daß ausreichende Kippmöglichkeiten geschaffen werden können.

Der letzte dieser drei Punkte vermag allein die obigen Werte um 15 bis 20% herabzudrücken, und es geht daraus klar hervor, wie überaus wichtig eine richtige Einschätzung derartiger Einflüsse ist.

Die Tabellen 6—13 reichen vollkommen aus, um in Verbindung mit den vorangehenden Ausführungen in jedem einzelnen Falle die notwendige Bauzeit hinlänglich genau zu bestimmen.

Um aber noch größere Übersichtlichkeit zu bekommen, soll im folgenden eine Zusammenstellung der unter normalen Verhältnissen bei größeren Erdarbeiten zu erzielenden monatlichen und jährlichen Leistungen der einzelnen Geräte gegeben werden.

1. Baggerung aus dem Trockenen und 12stündiger Betrieb.

a) Eimerbagger.

Tabelle 14.

Type	E 1 300 l	E 1 250 l	B	A	O	C	F
Leichter Boden							
pro Monat cbm	69 000	58 000	45 000	35 000	25 000	18 000	10 000
„ Jahr „	828 000	696 000	540 000	420 000	300 000	216 000	120 000
Mittelschwerer Boden							
pro Monat „	52 000	44 000	35 000	26 000	18 000	11 500	6 900
„ Jahr „	624 000	528 000	420 000	312 000	216 000	138 000	82 000
Schwerer Boden							
pro Monat „	33 000	27 600	22 000	16 500	11 000	6 600	4 400
„ Jahr „	396 000	331 000	264 000	198 000	132 000	79 000	52 000

b) Löffelbagger.

Tabelle 15.

Modell	G 20	F 2	F 1	E	C 2
Leichter Boden					
pro Monat . . . cbm	25 000	19 800	15 800	11 800	9 200
„ Jahr . . . . . „	300 000	237 000	189 000	141 000	110 000
Mittelschwerer Boden					
pro Monat . . . „	19 800	15 800	12 600	9 200	6 600
„ Jahr . . . . . „	237 000	189 000	151 000	110 000	79 000
Schwerer Boden					
pro Monat . . . „	14 500	10 500	7 350	—	—
„ Jahr . . . . . „	176 000	126 000	88 000	—	—
Sehr schwerer Boden					
pro Monat . . . „	8 450	6 350	—	—	—
„ Jahr . . . . . „	101 000	78 000	—	—	—

2. Baggerung aus dem Trockenen und 24stündiger Betrieb.

a) Eimerbagger.

Tabelle 16.

Type	E 1 300 l	E 1 250 l	B	A	O	C .	F
Leichter Boden							
pro Monat cbm	135 000	113 000	88 000	69 000	49 600	34 400	19 200
„ Jahr „	1 620 000	1 356 000	1 056 000	828 000	595 000	412 000	230 000
Mittelschwerer Boden							
pro Monat „	99 000	82 000	66 000	49 600	33 000	22 000	13 200
„ Jahr „	1 188 000	984 000	792 000	595 000	396 000	264 000	158 000
Schwerer Boden							
pro Monat „	60 000	49 600	39 600	30 000	19 200	11 600	7 600
„ Jahr „	720 000	595 000	475 000	360 000	230 000	139 000	91 000

b) Löffelbagger.

Tabelle 17.

Modell	G 20	F 2	F 1	E	C 2
Leichter Boden					
pro Monat . . . cbm	48 500	38 000	30 600	23 200	18 000
„ Jahr . . . . . „	582 000	456 000	367 000	278 000	216 000
Mittelschwerer Boden					
pro Monat . . . „	38 000	30 600	24 200	18 000	12 600
„ Jahr . . . . . „	456 000	367 000	290 000	216 000	151 000
Schwerer Boden					
pro Monat . . . „	27 400	20 000	14 200	—	—
„ Jahr . . . . . „	328 000	240 000	170 000	—	—
Sehr schwerer Boden					
pro Monat . . . „	15 800	11 600	—	—	—
„ Jahr . . . . . „	189 000	139 000	—	—	—

3. Baggerung aus dem Wasser und 12 stündiger Betrieb.
(Eimerbagger.)

a) Gegen Wasser wenig empfindliches Material.

Tabelle 18.

Type	E 1 300 l	E 1 250 l	B	A	O	O	F
Leichter Boden							
pro Monat cbm	52 800	44 400	36 000	27 600	19 680	14 400	7 680
„ Jahr „	633 000	522 000	432 000	331 000	236 000	172 000	92 000
Mittelschwerer Boden							
pro Monat „	40 800	33 600	27 600	20 400	14 400	9 120	5 280
„ Jahr „	489 000	403 000	331 000	244 000	172 000	217 000	63 000
Schwerer Boden							
pro Monat „	25 200	21 600	18 000	13 200	8 400	4 800	3 600
„ Jahr „	302 000	259 000	216 000	158 000	100 000	57 000	43 000

b) Gegen Wasser empfindliches Material.

Tabelle 19.

Type	E 1 300 l	E 1 250 l	B	A	O	C	F
Leichter Boden							
pro Monat cbm	48 000	39 600	31 200	24 000	17 280	12 000	6 480
„ Jahr „	576 000	475 000	374 000	288 000	207 000	144 000	77 000
Mittelschwerer Boden							
pro Monat „	34 800	28 800	22 800	16 320	11 520	7 200	4 080
„ Jahr „	417 000	345 000	273 000	195 000	138 000	86 000	48 000
Schwerer Boden							
pro Monat „	21 600	18 000	14 400	10 800	6 720	3 840	2 880
„ Jahr „	259 000	216 000	172 000	129 000	80 000	46 000	34 000

4. Baggerung aus dem Wasser und 24 stündiger Betrieb.
(Eimerbagger.)

a) Gegen Wasser wenig empfindliches Material.

Tabelle 20.

Type.	E 1		B	A	O	C	F
	300 l	250 l					
Leichter Boden							
pro Monat cbm	103 200	86 400	64 800	53 760	38 400	27 840	14 400
„ Jahr „	1 238 000	1 036 000	777 000	645 000	460 000	334 000	172 000
Mittelschwerer Boden							
pro Monat „	76 800	63 360	52 800	38 400	26 880	16 800	9 600
„ Jahr „	921 000	760 000	633 000	460 000	322 000	201 000	115 000
Schwerer Boden							
pro Monat „	45 600	38 400	32 640	24 000	15 360	8 640	·6 240
„ Jahr „	547 000	460 000	391 000	288 000	184 000	103 000	74 000

b) Gegen Wasser empfindliches Material.

Tabelle 21.

Type.	E 1		B	A	O	C	F
	300 l	250 l					
Leichter Boden							
pro Monat cbm	93 600	76 800	60 000	47 040	33 600	23 040	12 000
„ Jahr „	1 123 000	921 000	720 000	564 000	403 000	276 000	144 000
Mittelschwerer Boden							
pro Monat „	66 240	55 200	43 200	31 200	21 600	13 440	7 200
„ Jahr „	794 000	662 000	518 000	374 000	259 000	161 000	86 000
Schwerer Boden							
pro Monat „	38 400	32 640	25 920	19 200	12 000	6 720	4 800
„ Jahr „	460 000	391 000	311 000	230 000	144 000	80 000	57 000

Werden diese Tabellen für Arbeiten benutzt, welche nur von kürzerer Dauer sind und in eine ungünstige Jahreszeit fallen, so sind die Leistungsangaben entsprechend zu berichtigen.

Von den Eimerbaggern kamen bisher für große Erdarbeiten hauptsächlich in Frage die Type B der Lübecker Maschinenbau-Gesellschaft und außerdem die erst in den letzten Jahren herausgekommene Type E 1 derselben Firma, und zwar letztere sowohl mit 250 l, als auch mit 300 l Eimerinhalt.

Dieser Apparat zählt mit zum Besten, was an Eimerbaggern für Verwendung im allgemeinen Tiefbau bis vor kurzem auf den Markt gekommen ist und besitzt, wie Verfasser selbst feststellen konnte, gegenüber den Baggern älterer Bauart eine so bedeutende Überlegenheit, daß er bei umfangreichen Erdbewegungen sich schon innerhalb kurzer Zeit bezahlt machen kann.

Wie die Lübecker Maschinenbau-Gesellschaft mitteilt, ist aber selbst diese Bauart schon wieder überholt, und wenn die neuen Typen auch nur ganz allmählich in größerem Umfange bei den Bauunternehmungen auftreten werden und im allgemeinen vorerst immer noch mit den in den Tabellen 1, 4, 5, 6, 8 u. 10—13 aufgeführten Typen und Werten zu rechnen ist, so sollen sie hier doch wenigstens kurz erwähnt werden.

Die alte Type E 1 mit 300 l Eimerinhalt ist ersetzt durch die neue Type N E 1 mit 20 m größte Baggertiefe und 14 m größte Abtragshöhe und ebenfalls 300 l Eimerinhalt. Die Leistungen sind die gleichen wie für Type E 1 mit 300 l Eimerinhalt.

An Stelle der Typen B und E 1 mit 250 l Eimerinhalt ist die neue Type E II mit 15 m größte Baggertiefe und 14 m größte Abtragshöhe und einem Eimerinhalt von 250 l getreten. Die Leistungen derselben sind um rund 10% größer als die für die Type B angegebenen.

Als Ersatz für Type A wird neuerdings Type E III mit gleichem Eimerinhalt, 14 m größte Baggertiefe und 12 m größte Abtragshöhe, sowie einer etwas höheren Anzahl von Schüttungen pro Minute gebaut, so daß die für Type A angegebenen Leistungen für diese Bauart um rund 15% erhöht werden dürfen.

Hinsichtlich der Typen O, C und F sind vorerst keine Änderungen zu verzeichnen; die letztere Type hat aber eine Konkurrenz erhalten in dem auf Raupenketten laufenden Bagger R III, der bei je 5 m größte Baggertiefe und Abtragshöhe und 70 l Eimerinhalt ungefähr auf die gleiche Leistung kommt wie sie.

Die von der Lübecker Maschinenbau-Gesellschaft gelieferten Raupenkettenbagger, von denen der vorerwähnte Bagger R III die größte Type darstellt, haben sich angeblich sehr gut bewährt und besitzen den Vorteil, daß die Kosten der Gleisanlage und ihre Instandhaltung bzw. Verlegung fortfallen. Außerdem können dieselben auf weniger tragfähigem Boden, solange er nur noch wenigstens von einem Pferd begangen werden kann, verwendet werden.

Der Vollständigkeit halber sei erwähnt, daß, wie von anderen Baggerbauanstalten, so auch von der Lübecker Maschinenbau-Gesellschaft Bagger mit größerer Leistungsfähigkeit und bis zu 500 l Eimerinhalt gebaut werden, daß aber auf deren Aufnahme verzichtet wurde, weil für den Tiefbau, soweit es sich nicht um Abraumbetrieb handelt, eine der Hauptbedingungen eine möglichst vielseitige Verwendbarkeit ist und das zur Folge hat, daß die praktische Grenze hierfür bei einem Eimerinhalt von 300 l liegen dürfte.

Was die Typen B und E I bzw. deren Ersatzbauten auf dem Gebiete der Eimerbagger, das sind die Modelle G bzw. G 20 der Firma Menck & Hambrock G. m. b. H. Altona-Ottensen auf dem Gebiete der Löffelbagger für größere Erdarbeiten.

Einer der Hauptvorteile des verbesserten Baggers G 20 ist neben der äußerst wertvollen Vergrößerung der Ausschütthöhe über Schienenoberkante von 6,04 m auf 8,05 m und der Reichweite vom Drehpunkt bis Vorderkante Löffelzähne von 10,50 m auf 12,20 m die bedeutend stärkere Konstruktion, welche es gestattet, daß in nicht zu schweren Bodenarten an Stelle des 2 cbm-Löffels unbedenklich ein Löffel mit 2,5 cbm Inhalt verwendet werden kann, was einen gewaltigen Fortschritt gegenüber dem älteren Modell G bedeutet.

An Hand dieser Ausführungen und Tabellen wird es unschwer möglich sein, ein Bauprogramm aufzustellen und danach die Bautermine zu bestimmen, wobei zu beachten ist, ob bis zu dem betreffenden Zeitpunkt nur das Werk hergestellt oder ob bis dahin schon die Baustelle geräumt sein soll.

In letzterem Falle ist für Abmontierung, Aufräumung und Abtransport ungefähr die gleiche Zeit vorzusehen, welche die Einrichtung beansprucht hat.

II. Dimensionierung des Geräteparks.

A. Bagger.

Für den Bauherrn findet dieser Punkt durch die Festsetzung der Bautermine nach den im vorigen Abschnitt erörterten Gesichtspunkten seine Erledigung.

Der Unternehmer kürzt die sich aus dem gestellten Termin ergebende Bauzeit um den auf Grund seiner Erfahrungen für die Baustellenaufschließung und -einrichtung (sowie evtl. auch Abräumung) erforderlichen Betrag und ermittelt sodann mit Hilfe der Tabellen 14—21 nach sorgsamer Auswahl der geeignetsten Geräte die Anzahl der für eine termingerechte Fertigstellung notwendigen Bagger.

B. Fahrpark.

Voraussetzung für die Erzielung guter Leistungen ist, daß Baggergerät und Fahrpark zu einander passen.

Es soll deshalb zunächst eine Zusammenstellung derjenigen Größen gegeben werden, welche sich am empfehlenswertesten erwiesen haben.

Eimerbagger.

Tabelle 22.

Type	E 1 300 l	E 1 250 l	B	A	O	C	F
Spurweite der Fahrgleisanlage mm	900	900	900	750—900	750—900	600—750	600
Wageninhalt cbm	5	4	3,5—4	2—3	2	1,25—2	0,75—1,25

Löffelbagger.

Tabelle 23.

	G 20	F 2	F 1	E	C 2
Spurweite der Fahrgleisanlage . . . . . mm	750—900	750—900	750—900	600—750	600
Wageninhalt . . . . cbm	2—4	2—3	1,5—2,5	1,25—2	1,25

Dabei ist zu berücksichtigen, daß der Boden, auf den das Rollbahngleis zu liegen kommt, von erheblichem Einfluß ist und daß bei Bodenarten, welche die Gleisunterhaltung sehr schwierig gestalten, der Wageninhalt nie zu groß genommen werden sollte.

1. Wagen.

Zur Bestimmung der Anzahl der benötigten Wagen ist für jeden einzelnen Bagger auszugehen von den Werten der Tabellen 1, 2, 4 u. 5.

Diese Zahlen stellen Mittelwerte dar, welche im Durchschnitt pro geleistete Baggerstunde erzielt werden können.

Um diese Mittelwerte herauszubekommen ist es notwendig, daß vorübergehend wesentlich höhere Leistungen erreicht werden.

Die richtige Bestimmung dieses Höchstleistungszuschlags, wenn man ihn so nennen will, ist von größter Bedeutung, weil dieselbe nicht nur maßgebend ist für den Umfang des Wagenparkes, sondern auch für die Anzahl der unter Dampf zu haltenden Lokomotiven.

Eine Überschätzung dieses Betrages hat demgemäß zur Folge:

daß unnötig viele Wagen vorgehalten und in Stand gehalten werden müssen,

daß Frachtauslagen anfallen, die eingespart werden können,

daß mehr Lokomotiven als notwendig festgelegt sind und endlich,

daß die an und für sich im Baubetrieb schon recht geringe Ausnützung der Lokomotiven noch weiter verschlechtert wird.

Dr.-Ing. J. Rathjens gibt in seinem Buche „Erfahrungsergebnisse über Trockenbaggerbetriebe" diesen Höchstleistungszuschlag mit 70% an.

Dieser Betrag ist entschieden zu hoch.

Untersuchungen, welche der Verfasser daraufhin angestellt hat, haben ergeben, daß hohe Leistungen in solcher Zahl, daß sie für die Erzielung des Gesamtresultats von Bedeutung sind, bei Eimerbaggern sowohl als auch bei Löffelbaggern nur etwa 35% über den in den Tabellen 1, 2, 4 u. 5 angegebenen Werten liegen.

Selbstverständlich wurden bei diesen Untersuchungen auch Leistungen festgestellt, welche dieses Maß noch beträchtlich überschritten. Dieselben waren jedoch so vereinzelt, daß es wirtschaftlich nicht zu verantworten wäre, wenn man den Fahrpark nach solchen ausgesprochenen Spitzenleistungen dimensionieren wollte.

Es empfiehlt sich also für die Dimensionierung des Fahrparks bei Baggern aller Art eine Stundenleistung zugrunde zu legen, welche um 35% höher ist als die für den betreffenden Fall einschlägige Leistung der Tabellen 1, 2, 4 u. 5.

Hat man auf diese Weise festgelegt, von welchen Leistungszahlen auszugehen ist, so treten als die nächsten unbekannten Größen in Erscheinung

die Zugsgeschwindigkeit des Voll- und Leerzuges,

die Aufenthalte während der Fahrt und

die Zeitverluste auf der Kippe.

Einen Anhaltspunkt für die Zugsgeschwindigkeit geben die Kataloge der Lokomotivfabriken, während für die Aufenthalte und Kippzeiten vorerst Erfahrungswerte herhalten müssen.

Im allgemeinen wird dies vollkommen genügen, nachdem bei all den Dingen die örtlichen Verhältnisse eine gewisse Rolle spielen.

Das Ergebnis von Untersuchungen, welche der Verfasser speziell nach dieser Richtung hin vorgenommen hat, ist aus folgender Tabelle 24 zu entnehmen.

Tabelle 24.

Lokomotive	Fahrt	Leerzugsmeßstrecke				Vollzugsmeßstrecke				Aufenthalte					
		ohne Hindernis 1380 m		mit Staatsstraßenkreuzung 2350 m		ohne Hindernis 1380 m		3,3 %ige Rampe 580 m		Umsetzen		Kohlenstation			
		Fahrzeit	Geschw.	Fahrzeit	Geschw.	Fahrzeit	Geschw.	Fahrzeit	Geschw.	1. Weiche	2. Weiche	Kohlenfassen	Wasserfassen	Feuerputzen	Insgesamt
		Min.	km/Std.	Min.	km/Std.	Min.	km/Std.	Min.	km/Std.	Min.	Min.	Min.	Min.	Min.	Min.
1	2	3	4	5	6	7	8	9	10	11	12	13	14	15	16
I	1	7	11,8	9	15,7	8	10,4	4	8,7	3	2	5	3	17	23
	2	6	13,8	10	14,1	7	11,8	4	8,7	2	2	5	4	11	17
	3	5	16,5	11	12,8	6	13,8	4	8,7	2	2	4	4	11	12
II	1	5	16,5	11	12,8	6	13,8	4	8,7	3	3	3	4	—	8
	2	5	16,5	10	14,1	5	16,5	3	11,6	5	2	1	4	5	10
	3	6	13,8	9	15,7	7	11,8	5	7,0	4	3	5	5	—	7
	4	5	16,5	10	14,1	7	11,8	3	11,6	3	2	3	4	9	9
III	1	7	11,8	12	11,8	8	10,4	5	7,0	2	3	3	6	—	23
	2	5	16,5	13	10,8	9	9,2	3	11,6	2	3	4	4	10	16
	3	6	13,8	9	15,7	7	11,8	4	8,7	2	3	3	5	—	6
	4	6	13,8	11	12,8	10	8,4	5	7,0	3	3	4	4	9	15
IV	1	5	16,5	9	15,7	9	9,2	4	8,7	2	3	4	5	8	11
	2	6	13,8	9	15,7	8	10,4	6	5,8	2	3	2	4	—	10
	3	6	13,8	11	12,8	7	11,8	4	8,7	3	2	4	6	11	17
V	1	10	8,4	15	9,4	8	10,4	4	8,7	3	2	3	3	11	22
	2	6	13,8	9	15,4	6	13,8	3	11,6	2	3	4	3	12	17
	3	5	16,5	11	12,8	6	13,8	4	8,7	2	3	4	4	10	18
VI	1	5	16,5	15	9,4	7	11,8	6	5,8	5	2	3	5	10	16
	2	6	13,8	6	23,5	6	13,8	5	7,0	4	2	4	4	—	11
	3	8	10,4	10	14,1	6	13,8	3	11,6	2	2	3	5	—	7
VII	1	7	11,8	10	14,1	7	11,8	3	11,6	2	3	5	5	10	22
	2	6	13,8	9	15,7	7	11,8	3	11,6	3	2	4	4	—	16
	3	—	—	19	7,4	—	—	4	8,7	3	—	—	—	—	—
VIII	1	6	13,8	10	14,1	9	9,2	4	8,7	2	3	2	5	8	10
	2	6	13,8	9	15,7	9	9,2	4	8,7	2	3	2	5	5	13
	3	5	16,5	9	15,7	8	10,4	4	8,7	3	2	5	5	9	9
IX	1	5	16,5	8	17,6	9	9,2	3	11,6	2	3	4	5	—	8
	2	5	16,5	9	15,7	9	9,2	5	7,0	3	2	3	3	—	9
	3	7	11,8	11	12,8	10	8,4	4	8,7	3	2	4	5	—	9
X	1	6	13,8	9	15,7	6	13,8	6	5,8	3	3	3	5	10	18
	2	6	13,8	9	15,7	8	10,4	4	8,7	3	2	2	5	—	7
	3	9	9,2	9	15,7	9	9,2	5	7,0	3	2	3	5	13	19
Sa.	32	188	436,1	331	455,1	234	351,1	132	282,7	88	77	108	138	189	415
Mittel		6,06	14,0	10,3	14,2	7,5	11,3	4,1	8,8	2,75	2,40	3,5	4,5	10,0	13,4

Die Messungen wurden bei Lokomotiven von 900 mm Spurweite und 160 PS Leistung ohne besondere Hilfsmittel wie Stoppuhren o. dergl. durchgeführt, und auf Konto dieses Umstandes ist zweifellos die größte Anzahl der Abweichungen zu buchen.

Bezüglich der Aufenthalte für Putzen des Feuers ist zu bemerken, daß diese keine normale Erscheinung sind, sondern ganz von dem zur Verfügung stehenden Kohlenmaterial abhängen.

Beachtet man, daß eine Aufteilung in Vollzugs- und Leerzugsstrecke für die vorliegenden Zwecke nicht tunlich ist und auch das Rechnen mit Bruchteilen von Minuten keinen Sinn hat, so kann man das Ergebnis zusammenfassen wie folgt:

Als mittlere Geschwindigkeit bei Lokomotiven von 900 mm Spurweite[1]) kann man 12 km pro Stunde annehmen; als normalen Aufenthalt für jedes Umsetzen 3 Minuten, für Kohlen- und Wasserfassen 10 Minuten.

Ob und inwieweit Aufenthalte dieser Art in die Berechnung einzuführen sind, kann nur von Fall zu Fall entschieden werden.

Der Aufenthalt für Kohlen- und Wasserfassen wird bei Löffelbaggern stets auftreten, bei Eimerbaggern hingegen häufig in Wegfall kommen, weil dies besorgt werden kann, während der Zug vollgebaggert wird.

Was den für das Kippen der Züge notwendigen Zeitaufwand anbelangt, so können dafür allgemeine Angaben schwer gemacht werden.

Derselbe hängt ab:

von der Anzahl der Wagen im Zug,

der Stärke der Kippmannschaft, ob in einer oder mehreren Kolonnen gekippt werden kann,

der Art des Materials, ob es leicht aus dem Wagen geht oder zu seiner Entfernung besonderer Maßnahmen bedarf,

der Art der Wagen, ob eiserne Muldenkipper oder Holzkastenkipper und wiederum

ob sog. Selbstkipper bzw. Wagen mit verbesserter Kippvorrichtung oder gewöhnliche Wagen und endlich

der Art der Kippe, ob Ablagerungskippe oder Dammkippe,

der Höhe und Standfestigkeit derselben.

Das sind fast ausnahmslos Dinge, die nur bei genauer Kenntnis des Objektes richtig beurteilt werden können.

Im allgemeinen wird es genügen, wenn man dafür mit Rücksicht auf die Tatsache, daß bei größeren Erdbewegungen immer möglichst große Züge gefahren werden sollen, einsetzt:

bei leicht kippbarem Material etwa 10 Minuten und

bei schwer kippbarem Material 15—20 Minuten.

Für kleinere Erdbewegungen werden an Stelle dieser Werte schon 5—10 Minuten genügen.

Nachdem so alle für die Dimensionierung des Wagenparks notwendigen Unterlagen beschafft sind, kann zu dieser selbst geschritten werden.

---

[1]) Für Lokomotiven von 600 und 750 mm Spurweite sollte man nicht mehr als 10 km pro Stunde rechnen.

Hauptgrundsatz dafür ist, daß so viel Fassungsraum zur Verfügung stehen muß, als der Bagger bei normaler ununterbrochener Tätigkeit zu füllen vermag von dem Augenblick, wo ein Zug den Bagger verläßt bis zu dem Augenblick, wo er wieder unter demselben steht oder auf eine einfache Formel gebracht:

$$F = \frac{L}{60} \cdot \left(\frac{2\,l}{v} + t_u + t_k + t_b \right),$$

worin bedeuten

F = erforderlicher Fassungsraum;

L = Maximalleistung des Baggers, d. i. Normalleistung $+ 35\%$;

l = Transportweite in m;

v = Geschwindigkeit pro Minute, d. i. für Lokomotiven von 900 mm Spurweite $\dfrac{12\,000}{60} = 200$ m/Min. und für solche von 600 und 750 mm Spurweite $\dfrac{10\,000}{60} = 166{,}67$ m/Min.

t_u = Aufenthalt beim Umsetzen;

t_k = Zeitverlust auf der Kippe;

t_b = Zeitaufwand für Betriebsstoffe fassen.

Die Anzahl der insgesamt notwendigen Züge ist alsdann

$$Z = \frac{F}{f} + 1 \text{ Zug am Bagger.}$$

Dabei ist

Z = Zugszahl;

F = der für die Dauer einer vollen Rundfahrt benötigte Fassungsraum und

f = das Fassungsvermögen eines Zuges.

Wie groß jeder Zug wird, richtet sich einmal nach dem Grade der Auflockerung des betreffenden Materials und dann nach dem Inhalt der Wagen.

Als Zuschlag für Auflockerung kann man in diesem Fall nehmen:

bei leichtem Boden	8—12%
„ mittelschwerem Boden	10—20%
„ schwerem Boden	25—30%
„ sehr schwerem Boden	35—50%

Wagen für den Antransport von Betriebsstoffen wie Kohle u. dergl. vom Entladebahnhof zur Ausgabestelle sind, wenn nötig, noch eigens hinzuzuzählen.

Zu der auf diese Weise ermittelten Wagenzahl kommen dann je nach Material und Art des Betriebes noch 6—12% Reservewagen bei Tagschicht und 10—20% Reservewagen bei Tag- und Nachtschicht.

2. Lokomotiven.

Die Beförderung der Wagen geschieht im Tiefbau fast ausschließlich unter Zuhilfenahme von Dampflokomotiven, und die Frage, wieviele Lokomotiven für die Durchführung eines Baues notwendig sind, scheint auf den ersten Blick keiner besonderen Untersuchung zu bedürfen und damit erledigt zu sein, daß man der Anzahl der für den Transport der Züge nötigen Maschinen noch eine entsprechende Reserve zusetzt.

Dem ist aber nicht so.

Die Leistungsfähigkeit der Lokomotiven ist natürlich auch nur eine beschränkte und es ist infolgedessen genau zu prüfen, ob das zur Verfügung stehende Maschinenmaterial den an es gestellten Ansprüchen gewachsen ist, sofern man nicht unliebsame Überraschungen erleben will.

Um diese Untersuchungen vornehmen zu können, ist es notwendig, sich zunächst etwas mit den Grundlagen dafür zu beschäftigen.

Maßgebend für die Leistungsfähigkeit einer Lokomotive sind außer dem Zustand, in dem sie sich befindet, die Richtungs- und Steigungsverhältnisse der Gleisanlage und die Zugkraft, welche sie zu entwickeln vermag.

Die altbewährte Maschinenfabrik J. A. Maffei-München schreibt hierzu in ihrem Spezialkatalog über Schmalspurlokomotiven u. a. folgendes, wobei bemerkt wird, daß die Angaben nur auszugsweise entnommen und je nach Bedarf entsprechend ergänzt wurden.

a) Richtungs- und Steigungsverhältnisse.

Mit der Steigung einer Bahnlinie wächst der Zugwiderstand ganz erheblich, und zwar gibt die Zahl, welche das Steigungsverhältnis pro Tausend anzeigt, zugleich den durch diese Steigung bedingten Zugwiderstand in kg pro 1 t Zuggewicht an.

Der Reibungswiderstand in den Kurven wächst mit der Größe des Radstandes der Fahrzeuge und mit der Verkleinerung des Krümmungshalbmessers. Durch richtige Spurerweiterung läßt sich der Widerstand wesentlich reduzieren.

Zuverlässige Zahlenwerte zur Bestimmung der Kurvenwiderstände liegen nicht vor. Bei gut verlegtem Oberbau und nicht zu großen Radständen wird man den Kurvenwiderstand pro t Zuggewicht schätzungsweise nach folgenden Formeln ermitteln können, worin r den Kurvenhalbmesser in m bedeutet:

$$\text{für 900 mm Spurweite} \quad \frac{400}{r-16} \quad \text{kg pro 1 t Zuggewicht}$$

$$\text{,, 750 ,,} \qquad \text{,,} \qquad \frac{300}{r-10} \quad \text{kg ,, 1 t} \qquad \text{,,}$$

$$\text{,, 600 ,,} \qquad \text{,,} \qquad \frac{200}{r-5} \quad \text{kg ,, 1 t} \qquad \text{,,}$$

Wie man daraus ersehen kann, ist der Einfluß von Steigung und Richtung der Dienstbahn auf die Leistungsfähigkeit der Lokomotiven ganz bedeutend und es wird darum auch bei derartigen, nur vorübergehenden Zwecken dienenden Anlagen stets zu untersuchen sein, ob es wirtschaftlicher ist, eine den Unebenheiten des Geländes folgende Linie zu wählen oder durch Einschnitte und Dämme einen Schienenweg zu schaffen, der eine möglichst hohe Ausnützung der Lokomotiven gestattet.

b) Zugkraft.

Die Zugkraft, welche eine Lokomotive ausüben kann, hängt ab:

von dem Adhäsionsgewicht, d. h. von der Summe der Raddrücke der angetriebenen Achsen (Treib- und Kuppelachsen),

von den Dimensionen der Dampfzylinder (Zylinderdurchmesser und Kolbenhub), dem Treibraddurchmesser und dem Betriebsdampfüberdruck („Zugkraft aus der Maschinenleistung“) und

von der Größe und Leistungsfähigkeit des Kessels.

Bei einer richtig gebauten Lokomotive müssen diese 3 Hauptfaktoren in einem harmonischen Verhältnis stehen.

Die Adhäsion, d. h. die Reibung zwischen Rad und Schiene, hängt von den Witterungseinflüssen und den örtlichen Verhältnissen ab. Bei Tau, Regen oder Schnee vermindert sich die Adhäsion. Das gleiche ist der Fall auf Waldbahnen, wo die Schienen mit Blättern bedeckt sind. Trockenheit erhöht die Adhäsion.

Mit Hilfe des an den Lokomotiven angebrachten Sandstreu-Apparates kann man die Adhäsion wesentlich vergrößern. Dies ist aber nur ein vorübergehender Behelf, denn für ein ununterbrochenes Sandstreuen auf lange Strecken würde der Sandvorrat nicht ausreichen.

Hat man es mit Bahnstrecken zu tun, bei denen die Adhäsion durch ungünstige Umstände dauernd vermindert ist, so empfiehlt sich die Verwendung von Lokomotiven, bei denen ein größeres Verhältnis zwischen Adhäsionsgewicht und Zugkraft zugrunde gelegt ist.

Im allgemeinen wird es bei Neben-, Feld- oder Industriebahnen genügen, wenn das Anhäsionsgewicht 6—8 mal größer als die größte Zugkraft ist. Bei besonders günstigen Verhältnissen genügt schon ein fünffach größeres Adhäsionsgewicht.

Bei Baulokomotiven handelt es sich weniger um große Geschwindigkeit, als um große Zugkraft, was dazu geführt hat, daß man denselben einen möglichst kleinen Raddurchmesser gibt und das ganze Lokomotivgewicht zum Adhäsionsgewicht macht, d. h. alle Achsen kuppelt.

Die Dimensionen der Dampfzylinder können natürlich nur so groß gewählt werden, daß bei der voraussichtlich größten Zugkraft bzw. Zuggeschwindigkeit das vom Kessel erzeugte Dampfquantum noch ausreicht.

Bei mittlerer Geschwindigkeit, einem richtig bemessenen Kessel und passenden Adhäsionsgewicht kann die dauernd auszuübende Zugkraft in kg einer Lokomotive „aus der Maschinenleistung“ berechnet werden nach der Formel:

$$Z = \frac{k \cdot p \cdot d^2 \cdot h}{D},$$

worin bedeutet:

k einen Koeffizienten, welcher bei Zwillingslokomotiven = 0,5 bis 0,6 gesetzt wird,

> (Anm.: 0,6 sollte man nur nehmen bei neuen, gut eingelaufenen Lokomotiven; bei Maschinen, welche schon längere Zeit Dienst machen, empfiehlt es sich, mit dem kleineren Wert 0,5 zu rechnen.)

p den Dampfüberdruck in kg pro qcm,
d den Zylinderdurchmesser in cm,
h den Kolbenhub in cm und
D den Treibraddurchmesser in cm.

Als Ergänzung dieser Ausführungen möge nachstehende ebenfalls dem Spezialkatalog der Firma J. A. Maffei-München entnommene Tabelle 25 mit den Hauptdimensionen der im Tiefbau am häufigsten verwendeten Lokomotiven dienen.

Die von einer Lokomotive zu entwickelnde Zugkraft wird dann bestimmt:

durch das Gewicht des zu befördernden Zuges,
den Eigenwiderstand der Wagen und der Lokomotive und
den Steigungs- und Krümmungswiderstand.

Das Gewicht des zu befördernden Zuges ergibt sich ohne weiteres aus dem Endergebnis der nach Abschn. II, B, 1 angestellten Ermittlungen.

Der Eigenwiderstand der Wagen und der Lokomotive wächst bei gleichem Zuggewicht mit der Anzahl der Achsen und mit der Reibung der Radachsschenkel in ihren Lagern. Diese Reibung erhöht sich durch schlechte Ausführung und Schmierung der Lager.

Der Eigenwiderstand bei Schmalspurförderwagen schwankt zwischen 3 und 8 kg pro 1 t Gewicht und kann bei sehr schlechten Wagenachslagern und ungenügender Schmierung sogar noch größer werden. Als guten Mittelwert kann man etwa 6 kg per t Gewicht ansprechen.

Der Eigenwiderstand von zweiachsigen Schmalspurlokomotiven kann mit 10 kg pro t Gewicht angenommen werden.

Der Steigungs- und Krümmungswiderstand kann auf einfache Weise gefunden werden, indem man bei gleichmäßiger Steigung den Durchschnittswert pro Tausend oder bei längeren Strecken mit größerer Steigung deren Wert, sowie die voraussichtlich zu durchfahrenden Kurven überschlägig festgelegt und nach den obigen Angaben und Formeln auswertet.

Ist die so errechnete notwendige Zugkraft größer, als die Zugkraft der vorgesehenen Maschinen (was aus Tabelle 25 zu entnehmen ist), so muß man prüfen, wie am wirtschaftlichsten Abhilfe geschaffen werden kann:

ob durch Einsatz stärkerer Maschinen oder
durch Verwendung eigener Schublokomotiven oder
durch Verkleinerung der Züge oder endlich
durch Änderungen in den Steigungs- und Richtungsverhältnissen der Rollbahn.

Tabelle 25. Hauptdimensionen von normalen zweiachsigen Schmalspur-Tenderlokomotiven für Kohlenfeuerung.

		600			750				900				
Spurweite	mm	\<600\>			\<750\>				\<900\>				
Normalleistung	PS.	35	45	55	45	55	70	90	90	110	140	160	200
Dampfdruck pro qcm (p)	kg	12	12	12	12	12	12	12	12	12	12	12	12,5
Zylinderdurchmesser (d)	mm	165	185	210	185	210	245	260	260	280	300	300	325
Kolbenhub (h)	mm	300	300	300	300	300	350	400	400	400	400	430	430
Durchm. der Treib- u. Kuppelräder (D)	mm	600	600	600	600	600	700	800	800	800	800	800	800
Zugkraft $I = 0,5 \left\{ \dfrac{pd^2h}{D} \right.$	kg	815	1027	1325	1027	1325	1800	2028	2028	2350	2700	2970	3550
„ $II = 0,6$	kg	980	1232	1590	1232	1590	2160	2433	2433	2820	3240	3560	4250
Heizfläche der Feuerbüchse	qm	1,45	1,83	2,18	1,83	2,18	2,35	2,85	2,85	3,14	3,705	4,00	4,30
„ „ Siederohre	qm	10,46	14,50	17,60	14,50	17,60	22,60	27,70	27,70	34,09	38,50	41,20	50,70
„ total	qm	11,91	16,33	19,78	16,33	19,78	24,95	30,55	30,55	37,23	42,205	45,20	55,00
Rostfläche	qm	0,305	0,38	0,41	0,38	0,41	0,475	0,53	0,53	0,65	0,72	0,80	0,90
Siederohre	Stck.	44	58	66	58	66	81	90	90	106	115	115	134
Radstand	mm	1000	1100	1200	1100	1200	1400	1600	1600	1600	1750	1800	1800
Wasservorrat	l	520	570	620	720	815	1000	1255	1600	1710	1790	1830	2380
Kohlenvorrat	l	500	580	600	580	600	650	760	760	880	1080	1080	1170
Leergewicht ca.	kg	5500	6500	7150	6600	7250	9500	10700	11000	13000	14000	14500	17200
Dienstgewicht ca.	kg	7000	8300	9150	8550	9450	11950	13800	14500	16700	18100	18700	22350
Größter Raddruck ca.	kg	1750	2075	2290	2140	2365	2990	3450	3625	4175	4525	4675	5590
Größte Länge der Lokomotive ca.	mm	4560	4860	4950	4860	4950	5500	5640	5640	5800	6380	6520	6525
„ Breite „ „ ca.	mm	1660	1720	1820	1720	1820	1880	2050	2050	2120	2320	2320	2350
„ Höhe „ „ ca.	mm	2950	3000	3000	3000	3000	3000	3230	3230	3290	3325	3325	3420
Normalgeschw. bei Zugkraft I	km	11,6	11,8	11,2	11,8	11,2	10,5	12	12	12,6	14	14,5	15,2
„ II	km	9,6	9,9	9,3	9,9	9,3	8,75	10	10	10,5	11,7	12,1	12,7
Größte Geschwindigkeit	Std.	20	25	25	25	25	25	30	30	30	35	35	35
Kleinster Kurvenradius	m	10	15	18	15	18	26	35	35	35	45	50	50
Beförderb. 1 : 20 = $50^{0}/_{00}$	t	9	13	18	13	18	26	29	29	36	39	44	53
Brutto-Zuglast 1 : 30 = $33,3^{0}/_{00}$	t	16	22	30	22	30	42	47	47	57	63	71	84
ausschl. 1 : 40 = $25^{0}/_{00}$	t	21	30	41	30	41	57	63	63	76	85	94	112
Lokomotivgewicht 1 : 50 = $20^{0}/_{00}$	t	28	38	51	38	51	70	78	78	93	104	116	138
auf einer 1 : 60 = $16,7^{0}/_{00}$	t	33	45	59	45	59	81	91	91	108	122	133	161
1 : 80 = $12,5^{0}/_{00}$	t	42	57	75	57	75	103	115	115	136	154	170	203
geraden Steigung 1 : 100 = $10^{0}/_{00}$	t	49	67	88	67	88	121	135	135	159	181	200	238
von 1 : 200 = $5^{0}/_{00}$	t	75	101	132	101	132	181	203	203	238	271	299	355
1 : 500 = $2^{0}/_{00}$	t	106	142	185	142	185	253	284	284	332	379	418	498
horizontal 1 : ∞ = $0^{0}/_{00}$	t	144	192	250	192	250	341	383	383	447	511	563	671

Linienführung und Leistungsfähigkeit von Lokomotiven sind infolge ihrer Bedeutung für die Wirtschaftlichkeit selbstverständlich schon mannigfach Gegenstand eingehender Untersuchungen gewesen.

Eine der bedeutsamsten Arbeiten dieser Art stellt die in dem „Organ für die Fortschritte des Eisenbahnwesens" Jahrg. 1922, Heft 3 erschienene Abhandlung des o. ö. Professors Ing. Dr. Leopold Oerley-Wien dar, betitelt: Die maßgebende Arbeitshöhe der Eisenbahn. Ein neuer Vergleichswert zur Beurteilung von Linienführung und Betriebsart. Prof. Ing. Dr. L. Oerley hat damit Unterlagen geschaffen, welche zunächst zur Beurteilung verschiedener Linienführungen im Gebirge dienen sollten, kommt aber zu so klaren und einfachen Ergebnissen, daß es sich verlohnt, das Verfahren in Anlehnung an die von ihm gegebene Entwicklung auch auf die Verhältnisse im praktischen Baubetrieb zu übertragen.

Das Geheimnis seines Erfolges besteht darin, daß er einen neuen Vergleichswert, die „maßgebende Arbeitshöhe" einführt, der zwar nicht unmittelbaren Aufschluß über die Höhe aller Betriebskosten, wohl aber über eine ihrer belangreichen Grundlagen, die theoretische Zugförderungsarbeit „Zgf.-A.", bezogen auf 1 t Rohwagenlast, „Rwl." gibt und sehr anschaulich und frei von allen unsicheren Erfahrungswerten der Statistik ist.

I. Die maßgebende Arbeitshöhe H_0.

Bezeichnungen:

G = Gewicht der Lokomotive . . . . in t

R = Reibgewicht der Lokomotive . . . . „ t

ϱ = R : G = Reibgrad der Lokomotive.

> (Anm.: Unter „Reibungsgewicht" einer Lokomotive versteht man das Gewicht, mit welchem die durch Treib- oder Kuppelstangen angetriebenen Räder auf die Schienen drücken. — Bei Baulokomotiven sind, wie schon weiter oben erwähnt, in der Regel die sämtlichen Räder gekuppelt, so daß das ganze Lokomotivgewicht Reibungsgewicht ist, der Reibgrad also $\varrho = 1$.)

Q_0 = größtmögliches Gewicht des Wagenzuges . . . . in t

$Q = G + Q_0$ = Gewicht des ganzen Zuges . . . . „ t

w_1 = Laufwiderstand der Lokomotive . . . . in kg/t

> (Anm.: Derselbe kann für Baulokomotiven mit 10 kg/t angenommen werden.

w_2 = Laufwiderstand des Wagenzuges . . . . in kg/t

> Anm.: Mit Rücksicht auf die besonderen Verhältnisse im Baubetrieb wird man der Wirklichkeit am nächsten kommen mit der Annahme von 6 kg/t.)

w = mittlerer Laufwiderstand des ganzen Wagenzuges . . . in kg/t

k = Krümmungswiderstand . . . . „ „

k_m = mittlerer Krümmungswiderstand . . . . „ „

f = Reibwert zwischen Rad und Schiene;

s_m = maßgebende Steigung der Bahn . . . . „ $^0/_{00}$

„Unter der maßgebenden Arbeitshöhe H_0 einer Bahnlinie soll nun die Höhe verstanden sein, um welche die größtmögliche Wagenlast Q_0 lotrecht gehoben werden muß, damit hierbei ebensoviel Arbeit aufgewendet werde, wie bei der Beförderung des ganzen Zuges $Q = G + Q_0$ über die gegebene Bahnlinie. H_0 stellt also zugleich ziffermäßig in tm die maßgebende Zugförderungsarbeit dar, die für die Beförderung von 1 t Rohwagenlast über die gegebene Bahnlinie aufgewendet werden muß."

Für die weitere Entwicklung ist die Einführung nachfolgender Begriffe von Vorteil und zwar:

der Grenzneigung s_0 der Lokomotive,
des Wirkungsgrades α der Zugförderung und
der Widerstandshöhe h_w der Bahn.

Für die Bauart einer Lokomotive und den zweckmäßigsten Bereich ihrer Verwendung ist ihre Grenzneigung kennzeichnend, d. i. jene Steigung, auf der sie in der Geraden eben noch sich selbst bergwärts zu schleppen vermag.

$$\left.\begin{array}{l} Z = G \cdot (s_0 + w_1) \\[2mm] s_0 = \dfrac{Z}{G} - w_1 \text{ in } {}^0\!/\!{}_{00} \end{array}\right\} \tag{1}$$

Hierbei ist allgemein für Z im Bereiche der Reibzugkraft deren Größe $Z_r = \varrho \cdot G \cdot f$ und in dem der Kesselzugkraft $Z_k = 270 \cdot K \cdot \dfrac{H}{v}$, worin K die Kesselleistung in PS für 1 qm der Heizfläche H und v die Geschwindigkeit in km/Std. ist.

Für Baulokomotiven wird stets nur die Zugkraft aus der Maschinenleistung, die aus Tabelle 25 zu entnehmen ist, in Frage kommen, weil die Reibzugkraft fast immer größer ist. Sinkt letztere wirklich einmal unter das Maß der Zugkraft aus der Maschinenleistung herunter, was sich sofort durch Schleudern der Räder bemerkbar macht, so wird sie unverzüglich durch besondere Hilfsmittel, wie Sandstreuen u. dergl. wieder auf dieses zu heben versucht.

Unter dem „Wirkungsgrad α der Zugförderung" sei das Verhältnis der größtmöglichen Wagenlast (Q_0) zum Gewichte des ganzen Zuges (Q) verstanden.

$$\alpha = Q_0 : Q .$$

Für die Fahrt des schwersten Zuges gilt dann die Bedingung:

größte Zugkraft = größtem Widerstand
$$Z = G \cdot (w_1 + s_m) + Q_0 \cdot (w_2 + s_m)$$

$$Q_0 \cdot (w_2 + s_m) : G = \frac{Z}{G} - w_1 - s_m = s_0 - s_m$$

und daraus

$$\lambda = \frac{Q_0}{G} = \frac{s_0 - s_m}{w_2 + s_m} \tag{2}$$

Dieses durch Gleichung (2) ausgedrückte wichtige Verhältnis $\dfrac{Q_0}{G}$ soll als der Grundwert λ der Leistungsfähigkeit bezeichnet und weiter unten ausführlicher behandelt werden.

Aus Gl. (2) folgt:

$$\alpha = \frac{Q_0}{Q} = \frac{Q_0}{G + Q_0} = \frac{s_0 - s_m}{s_0 + w_2}. \tag{3}$$

Vernachlässigt man vorübergehend den kleinen Wert w_2 gegen s_0 im Nenner, so erkennt man, daß der Wirkungsgrad α um so größer ist, je höher die Grenzneigung s_0 der Lokomotive liegt und je kleiner die maßgebende Neigung s_m ist.

Für $s_m = -w_2$, das Bremsgefälle, wird $\alpha = 1$, ist also theoretisch ein unendlich langer Zug möglich; für $s_m = s_0$, die Grenzneigung wird $\alpha = 0$, d. h. die Lokomotive kann überhaupt keine Nutzlast mehr ziehen.

Zwischen diesen beiden Grenzwerten nimmt α mit wachsendem s_m gradlinig von 1—0 ab.

Zur Erläuterung des Begriffes der „Widerstandshöhe" h_w^1 in der Strecke l_1 (Abb. 1) denke man sich zunächst den bei jeder Fahrt ständig wirksamen mittleren Laufwiderstand w des ganzen Zuges in seiner Wirkung auf die Zfg.-A durch eine Zusatzhöhe h_w^1 ausgedrückt

$$\Delta h_w^1 = 0{,}001 \cdot w \cdot l_1 .$$

Ähnlich kann man sich auch die Wirkung des Krümmungswiderstandes k durch eine Zusatzhöhe

$$\Delta h_k^1 = \sum 0{,}001 \cdot k \cdot \widehat{\Delta l_1} = 0{,}001 \cdot k_m \cdot \frac{l_1}{n}$$

ersetzt denken, wenn man unter k_m den mittleren Widerstand aller vorkommenden Bogen versteht und wenn sich deren Länge zusammen zur Länge der ganzen Bahnstrecke verhält wie $1 : n$.

Als Widerstandshöhe h_w^1 der Strecke l_1 wird dann der Betrag der wirklich zu ersteigenden Höhe h_1 vermehrt um die gedachten Zusatzhöhen für Lauf- und Bogenwiderstand bezeichnet:

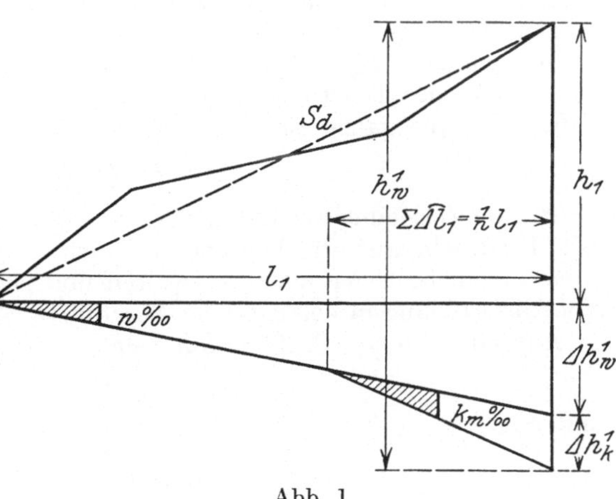

Abb. 1.

$$h_w^1 = h_1 + \Delta h_w^1 + \Delta h_k^1 . \tag{4}$$

Die Widerstandshöhe h_w einer Bahnlinie ist also die gedachte Höhe, um welche die Last eines Zuges mit Lokomotive lotrecht gehoben werden müßte, damit hierbei dieselbe Arbeit geleistet werde, wie bei der Fahrt über die gegebene Bahnlinie.

Der mittlere Laufwiderstand des ganzen Zuges liegt zwischen w_1 und w_2; er ergibt sich aus

$$w = (G \cdot w_1 + Q_0 \cdot w_2) : Q = [(Q - Q_0) \cdot w_1 + Q_0 \cdot w_2] : Q \atop w = (1 - \alpha) \cdot w_1 + \alpha \cdot w_2} \tag{5}$$

Die Zgf.-A in der Strecke l_1, beträgt dann

$$A_1^{tm} = Q \cdot h_w^1 \, .$$

Für Gefällstrecken ist dabei die Höhe mit dem Wert $- h_1$ einzusetzen.

Erreicht ein Gefälle den Wert der mittleren Bremsneigung $\left(w + \dfrac{1}{n} k_m \right) {}^0/_{00}$, so wird die zugehörige Widerstandshöhe $h_w = 0$ und man kann mit genügender Genauigkeit auch die Zgf.-A $= 0$ setzen.

Für noch steilere Gefälle würden Widerstandshöhe und Zgf.-A < 0 d. h. es könnte Arbeit gewonnen werden. Nachdem dies aber für die im Baubetrieb fast ausnahmslos verwendeten Dampflokomotiven vorerst nicht möglich ist, soll im folgenden für alle die mittlere Bremsneigung übersteigenden Gefälle, die Zgf.-A $= 0$ gesetzt werden.

Um die ganze Zgf.-A für eine gegebene Linie von der Länge L zu bestimmen, wird diese für beide Fahrtrichtungen je in Teilstrecken $l_1, l_2 \ldots l_n$ so zerlegt, daß sie

entweder nur Gefälle $\geqq$ mittlere Bremsneigung enthalten, für welche Widerstandshöhe und Zgf.-A $= 0$ ist oder

ganz frei von solchen Gefällen sind.

Bezeichnet $H_w = \sum h_w$ die Summe aller Widerstandshöhen $h_w^1 + \cdots h_w''$ der Teilstrecken $l_1 \ldots l_n$, so erhält man die Zgf.-A für die Fahrt über die ganze Linie L aus

$$A = Q \cdot H_w \, . \tag{6}$$

Bei der Zerlegung der Bahnlinie L in die Teilstrecken $l_1 \ldots l_n$ braucht mit Rücksicht auf die Unsicherheit der Grundlagen w_1, w_2, k_m usw. keine kleinliche Genauigkeit zu walten und genügt es vollkommen nur eine Unterteilung in belangreiche Abschnitte vorzunehmen.

Aus Gl. (3) und Gl. (6) ergibt sich

$$A = Q_0 \cdot H_w : \alpha$$

und mit

$$H_0 = \frac{H_w}{\alpha} \tag{7}$$

erhält man

$$A = Q_0 \cdot H_0 \, .$$

H_0 stellt dann die gesuchte maßgebende Arbeitshöhe der Bahnstrecke dar.

In Worte gefaßt sagt Gl. (7):

Die maßgebende Arbeitshöhe H_0 einer Bahnlinie für eine gegebene Fahrrichtung ist gleich der Widerstandshöhe H_w dieser Richtung, geteilt durch den Wirkungsgrad der Zugförderung und die in einer bestimmten Richtung zu leistende Zgf.-A ist gleich der maßgebenden Arbeitshöhe H_0 vervielfacht mit der Rohwagenlast Q_0.

H_0 stellt also zugleich in tm die Zgf.-A. dar, die für 1 t Rwl. bei der Beförderung über die ganze Bahnlinie aufzuwenden ist.

Die so gefundene maßgebende Arbeitshöhe ist ein wertvolles Mittel, um die Güte verschiedener Linienführungen für den Baubetrieb zu beurteilen, nachdem hier letzten Endes ausschließlich die nutzbare Zgf.-A. in Betracht kommt.

Verhalten sich die maßgebenden Arbeitshöhen zweier Vergleichslinien beispielsweise wie $1:m$, so muß auf der zweiten Linie für 1 t Rwl. m mal soviel Zgf.-A. aufgewendet werden als auf der ersten.

II. Der Grundwert λ der Leistungsfähigkeit.

Die besondere Anschaulichkeit und Kürze des vorstehenden Verfahrens wurde im wesentlichen durch die Einführung und Verwendung der Begriffe: „Grenzneigung der Lokomotive, Wirkungsgrad der Zugförderung und Widerstandshöhe der Bahn" gewonnen; die Benutzung der beiden ersten gestattet nun auch, die „Leistungsfähigkeit" einer Bahnlinie, soweit sie von deren Längenschnitt abhängt, in sinnfälliger Weise zu kennzeichnen.

Die Leistungsfähigkeit einer Linie ist im Baubetrieb, wo es sich um Massenförderungen handelt, vor allem abhängig von der Spurweite, Gleiszahl und „maßgebenden Neigung" s_m.

Durch zweckmäßige Auswahl und Ausgestaltung der beiden ersten Faktoren ist es möglich, die Leistungsfähigkeit bis zu einem gewissen Grad zu heben; darüber hinaus ist sie jedoch durch den Einfluß der maßgebenden Neigung s_m endgültig begrenzt.

Für die Leistungsfähigkeit der Bahn ist deshalb die Führung ihres Längenschnittes von grundlegender Bedeutung und daraus folgt, daß dessen Entwurf auch für Rollbahnen, die nur vorübergehenden Zwecken dienen, mit besonderer Sorgfalt aufgestellt werden muß.

Um nun verschiedene Linienführungen ohne weiteres vergleichen zu können, empfiehlt es sich für die Leistungsfähigkeit, soweit sie vom Längenschnitte abhängt, ein besonderes Wertmaß aufzustellen und zwar das Verhältnis

$$\lambda = Q_0 : G\,{}^1).$$

Dieses soll als „Grundwert der Leistungsfähigkeit" bezeichnet werden. Es gibt an, welches Vielfache ihres Gewichtes

---

[1] Petersen: Die zweckmäßigste Neigung der Eisenbahn. Schweizerische Bauzeitung 1920/II, Heft 24/26.

die Lokomotive an Rohwagenlast auf der gegebenen Linie ziehen kann.

Der Grundwert λ ist in seiner Abhängigkeit von der maßgebenden Neigung und von der Bauart der Lokomotive bestimmt durch

$$\lambda = \frac{Q_0}{G} = \frac{s_0 - s_m}{w_2 + s_m}.$$

Für $s_m = -w_2$ wird $\lambda = \infty$, d. h. im Bremsgefälle ist rein rechnungsmäßig ein unendlich langer Wagenzug möglich.

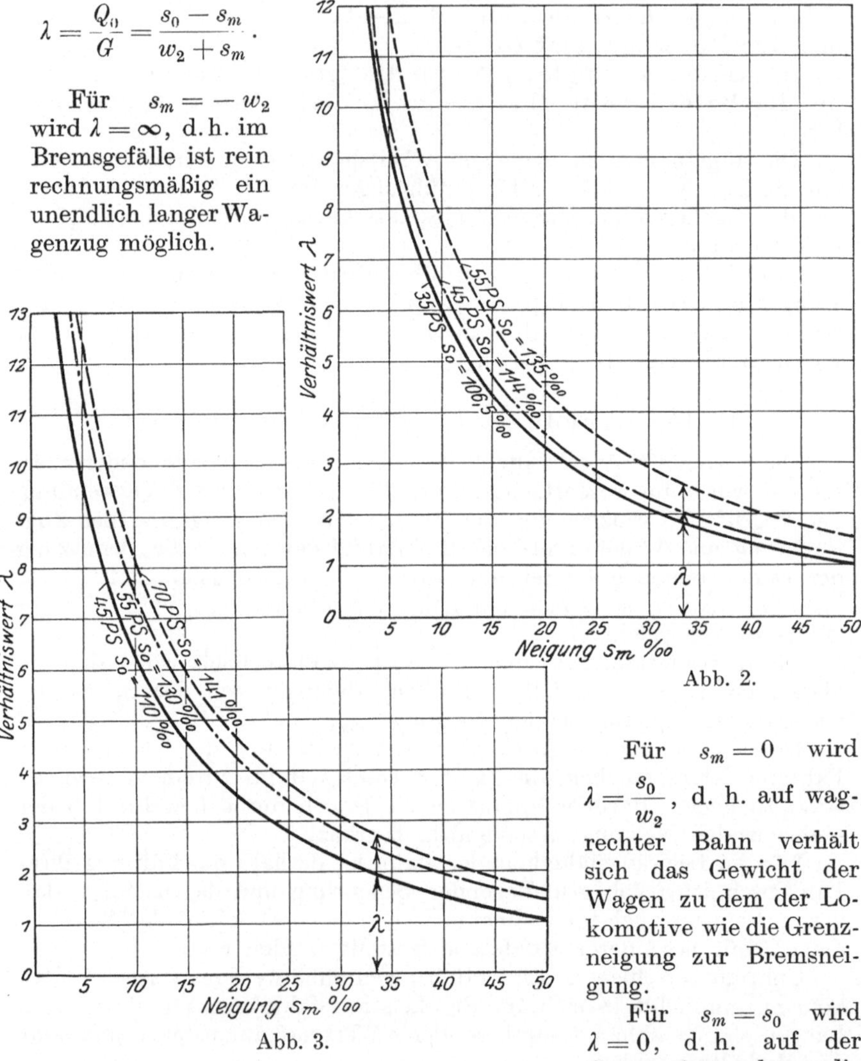

Abb. 2.

Abb. 3.

Für $s_m = 0$ wird $\lambda = \dfrac{s_0}{w_2}$, d. h. auf wag-. rechter Bahn verhält sich das Gewicht der Wagen zu dem der Lokomotive wie die Grenzneigung zur Bremsneigung.

Für $s_m = s_0$ wird $\lambda = 0$, d. h. auf der Grenzneigung kann die Lokomotive überhaupt keine Nutzarbeit mehr leisten.

Die Abbildungen 2—4 stellen die Grundwerte λ der Leistungsfähigkeit für die verbreitetsten Typen von 600 mm-, 750 mm- und 900 mm-Spur-Lokomotiven dar, wobei ausgegangen wurde von dem jeweiligen Werte für Zugkraft Z I und Dienstgewicht in Tab. 25.

An Stelle der beiden sehr nahe aneinanderlaufenden Kurven für die 90 und 110 PS-Lokomotiven von 900 mm Spurweite wurde als Mittelwert die Kurve für eine 100 PS-Maschine aufgetragen.

Von Zugkraft Z I und dem vollen Dienstgewicht wurde ausgegangen, weil es sich hier in erster Linie um die Aufstellung von Vergleichswerten handelt, mit denen sicher gerechnet werden kann.

Glaubt eine Unternehmung ihrem Lokomotivpark auf die Dauer größere Leistungen zumuten zu können, so ist es ihr unbenommen, an Hand der gegebenen Entwicklung für ihre Maschinen, von denen sie die einzelnen Daten genau kennt, die Vergleichskurven unter Verwendung der Werte für die größte Zugkraft $Z\,II = 0{,}6 \cdot \dfrac{p \cdot d^2 \cdot h}{D}$ aufzutragen.

Der Wert λ zeigt unmittelbar an, das Wievielfache ihres Eigengewichts eine Lokomotive an Rwl. auf der betreffenden Steigung in gerader Strecke dauernd ziehen kann.

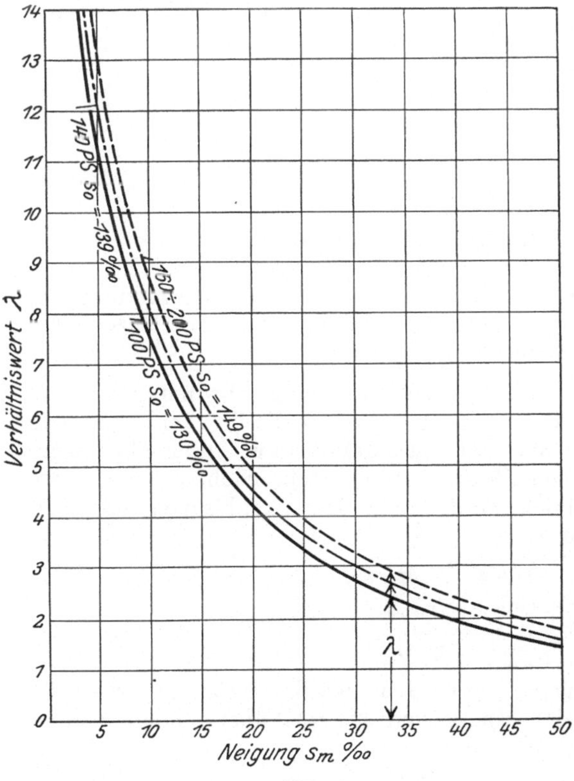

Umgekehrt setzt das Schaubild den veranschlagenden Ingenieur in Stand, bei Aufstellung seines Bauprogrammes, sobald er größte Rwl. und zur Verfügung stehende Lokomotiven kennt, herauszugreifen, welche Steigungen er mit einer solchen Garnitur noch anstandslos zu fahren vermag.

Selbstverständlich soll damit nicht gesagt sein, daß die Lokomotive nun überhaupt keine größeren Steigungen mit dieser Last überwinden kann, denn das wäre nicht richtig.

Abb. 4.

Es ist ein großer Unterschied, ob ein Zug erst anfährt, oder ob er sich bereits in Bewegung befindet und wenn die Verhältnisse bei Anlage einer Rollbahn so gestaltet werden können, daß vor einer größeren Steigung gute Anfahrmöglichkeiten (z. B. kurvenlose horizontale Strecke und gut verlegtes Gleis) vorhanden sind, so können auch erheblich größere als die hier ermittelten Steigungen glatt überwunden werden.

Für die vergleichende Gegenüberstellung verschiedener Längenprofile ist es wichtig zu wissen, was unter solchen Umständen herauszuholen ist und dazu dient folgende Überlegung:

Zur Überwindung der aus Reibung, Richtungs- und Steigungsverhältnissen resultierenden Widerstände ist eine gewisse Zugkraft notwendig. Sind diese Widerstände geringer, als die zur Verfügung stehende Zugkraft, so kann mit dem Kraftüberschuß dem Zug eine größere Geschwindigkeit verliehen und dadurch eine bestimmte kinetische Energie in denselben gelegt werden. Die zu erreichende Endgeschwindigkeit hat für den vorliegenden Zweck ihre praktische Grenze in der aus Tab. 25 zu entnehmenden Normalgeschwindigkeit bei Zugkraft I, welche z. B. für Lokomotiven von 900 mm Spurweite und 160 PS Leistung 14,5 km/St. oder $v =$ rd. 4 m/Sek. beträgt. Damit der Zug diese Endgeschwindigkeit von v m/Sek. bekommt, ist eine Anfahrtsstrecke notwendig, die sich ergibt aus der Gleichung

$$P \cdot s = \tfrac{1}{2} \cdot M \cdot v^2;$$

$$s = \frac{M \cdot v^2}{2 \cdot P}$$

worin bedeutet:

s die Länge der Anfahrtsstrecke in m,

M die Masse des Zuges $= Q : 9,81 =$ rd. $\dfrac{Q}{10}$ in kg/m,

v die Endgeschwindigkeit in m,

P den Kraftüberschuß der nach Abzug der für die Überwindung der Widerstände aus Reibungs-, Richtungs- und Steigungsverhältnissen der Anfahrtsstrecke von der Zugkraft Z I verbleibt in kg.

Kommt der Zug tatsächlich mit dieser Endgeschwindigkeit v am Fuße der zu untersuchenden Steigung an, so ist die ihm innewohnende lebendige Kraft $= \tfrac{1}{2} M v^2$ und er könnte damit unter Außerachtlassung der Reibungs- und sonstigen Widerstände, welche nach wie vor durch die Lokomotive überwunden werden eine Höhe erklimmen, die man erhält aus der Gleichung:

$$Q \cdot h = \tfrac{1}{2} \cdot M \cdot v^2;$$

$$h = \frac{M \cdot v^2}{2 \cdot Q}.$$

Ist die Länge der Steigung $= l$, so ist demnach das Steigungsverhältnis, welches allein vermöge der kinetischen Energie überwunden werden kann

$$s_K = \frac{h \cdot 1000}{l}\ {}^0/_{00}$$

und das Gesamtsteigungsverhältnis in gerader Strecke gleich dem sich aus größter Rwl. und Lokomotivstärke aus den Schaubildern 2—4 ergebenden Betrag vermehrt um den Wert s_K.

Stellt sich bei der Untersuchung der Gesamtstrecke heraus, daß die durchschnittliche Steigung bei angenommener gleichmäßiger Verteilung der Höhendifferenz zwischen Gewinnungsort und Kippe auf die ganze Rollbahnlänge größer ist, als der sich aus den Schaubildern ergebende Wert, so ist dem unter allen Umständen Rechnung zu tragen und zu erwägen, wie das am vorteilhaftesten geschieht: ob durch Verkleinerung der Züge oder die Wahl größerer Lokomotiven oder endlich den Einsatz von Schubmaschinen.

Für eine richtige Dimensionierung des Lokomotivparkes sind diese Untersuchungen von weittragender Bedeutung und geeignet, bei sorgsamer Durchführung manche Enttäuschung zu ersparen und vor empfindlichen Verlusten zu bewahren.

Zu der auf diese Weise ermittelten Anzahl von Lokomotiven müssen noch eine entsprechende Menge Reservemaschinen vorgesehen werden und zwar kann man annehmen, daß im einfachen Tagbetrieb etwa auf je 8 Lokomotiven, im ununterbrochenen Tag- und Nachtbetrieb dagegen auf je 5—6 Lokomotiven eine Reservemaschine vorhanden sein soll.

C. Gleisanlagen.

Im Baubetrieb sind zwei Hauptgruppen von Gleisen zu unterscheiden: die Baggergleise und die Fahrgleise.

1. Baggergleise.

Die Baggergleise zerfallen ihrerseits wiederum in solche für Eimerbagger und solche für Löffelbagger und Greifbagger.

a) Baggergleis für Eimerbagger.

Der Arbeitsvorgang bei den Eimerbaggern ist so, daß der Transportzug bereit gestellt wird und der Bagger neben demselben entlang (bei Hinterschüttern) oder über denselben hinweg fährt (bei Portalbaggern). Dies bedingt, daß das Baggergleis eine bestimmte Länge haben muß, um einen ungestörten Arbeitsfortgang auch dann noch zu gewährleisten, wenn dasselbe nachgerückt werden muß. Diese Mindestlänge sollte im allgemeinen nie weniger als 3 Zugslängen betragen. Es ist jedoch vorteilhaft, wenn man sie etwas größer nimmt und in der folgenden Tab. 26, welche alle wissenswerten Angaben über Eimerbaggergleise enthält, sind deshalb für die einzelnen Typen jene Längen angegeben, die sich als die zweckmäßigsten erwiesen haben.

Tabelle 26.

Type	NE I	B, E I, E II	E III	A	O	C	F
Länge des Baggergleises . . . m	400	350—400	300	300	250	200	150
Gewicht pro lfd. m Schiene kg	48	48	48	34	34	34	34
Anzahl der Schienen . . . Stck.	3	3	3	3	2	2	2
Länge der Schwellen . . . . mm	6150	5590	5000	3400	3500	3000	2500
Breite „ „ . . . . „	250	250	250	250	250	250	200
Höhe „ „ . . . . „	220	220	220	220	220	220	165
Schwellenabstand maximal von Mitte bis Mitte Schwelle . cm	70	70	70	70	70	70	70

Die Befestigung der Schienen auf den Schwellen erfolgt mit Schienennägeln von 150/15 mm. Eine Ausnahme bilden jene Baggergleise, welche mit Hilfe der Kleberschen Gleisrückmaschine gerückt werden und bei denen infolgedessen die hintere Schiene unter Verwendung kräftiger Unterlagsplatten und durchgehender Schrauben von 22 mm Durchmesser besonders stark befestigt werden muß.

Eine gute Beschreibung der Kleberschen Gleisrückmaschine ist als Sonderdruck der „Braunkohle", Heft 50, Jahrg. 1912, erschienen.

Vorteilhafter als die Klebersche Maschine ist jene von Arbens und obwohl dieselbe nicht am eigentlichen Baggergleis, sondern an dem allerdings auf den gleichen Schwellen montierten Fahrgleis arbeitet, soll sie gleich an dieser Stelle mit erwähnt werden.

Die Arbenssche Gleisrückmaschine besteht in der Hauptsache aus einem etwa 15 m langen Brückenträger zwischen Drehgestellen, welcher mittels besonderer Vorrichtungen das Gleis zu heben und zugleich seitlich zu rücken vermag und auf dem Transportgleis fortbewegt wird.

Die einzige Vorbedingung für ihre Verwendung ist, daß die Laschen des Fahrgleises entsprechend ausgehobelt werden, damit die Ränder der Druckrollen beim Fahren Platz finden, und daß die Fahrgleisschienen statt mit Schienennägeln mit Tirefonds befestigt werden.

Ihr Hauptvorzug gegenüber der Kleberschen Maschine besteht darin, daß sie auf eigenen Rädern läuft und eine ganze Reihe von Baggern mit einem einzigen Apparat bedienen kann.

Der Vollständigkeit halber sei an dieser Stelle erwähnt, daß vor Einführung der Gleisrückmaschinen Gleisrückwinden von der Maschinenfabrik Magdeburg-Buckau auf den Markt gebracht wurden, deren Verwendung gegenüber dem bis dahin üblichen Rücken des Baggergleises mit Menschenkraft schon eine wesentliche Verbilligung mit sich brachte und die auch heute noch vielfach benutzt werden.

b) Baggergleis für Löffelbagger.

Bei Löffelbaggern richtet sich die Art des Baggergleises nach der Methode der Baggerung.

Bei der Kopfbaggerung werden zweckmäßig Gleisroste mit dicht an dicht liegenden Schwellen verwendet, welche ein für allemal fest montiert und vom Bagger selbst auf das von ihm hergestellte Planum vorgestreckt werden. Die Länge dieser Roste beträgt etwa 3 m und es sind für normalen Betrieb drei solche Stöße vollkommen ausreichend.

Bei der Seitenbaggerung ist der Arbeitsvorgang der gleiche wie bei den Eimerbaggern. Der Bagger arbeitet auf durchgehendem Gleis, nur mit dem Unterschied, daß die Länge desselben im allgemeinen kaum mehr als 200 m betragen wird. Die Seitenbaggerung empfiehlt sich beim Beladen von langen Zügen, wenn keine Rangiermaschine vorhanden ist.

Die Leistung des Baggers wird bei dieser Arbeitsweise nicht unerheblich vermindert.

Weitere Einzelheiten sind aus Tab. 27 zu entnehmen.

Tabelle 27.

Type		G 20	F 2	F 1	E	C 2
Gewicht pro lfd. m Schiene	kg	47	45	40	36	36
Länge der Schwellen	mm	3600	3350	3100	2900	2500
Breite „ „	„	250	250	250	230	230
Höhe „ „	„	200	200	200	200	160
Schwellenabstand maximal von Mitte bis Mitte Schwelle	cm	50	50	50	50	60

c) Baggergleis für Greifbagger.

Tabelle 28.

Größe		F 2	F 1	E	D	C 2	C 1
Gewicht pro lfd. m Schiene	kg	40	40	32	32	32	32
Länge der Schwellen	mm	3350	3100	2900	2700	2500	2300
Breite „ „	„	250	250	230	230	230	230
Höhe „ „	„	200	200	200	180	160	120
Schwellenabstand maximal von Mitte bis Mitte Schwelle	cm	50	50	50	55	60	65

2. Fahrgleise.

Das für einen Bau benötigte Gleismaterial kann nur an Hand eines genauen Bauprogramms ermittelt werden, und es sei betont, daß für große Erdarbeiten dieser Punkt geradezu mit ausschlaggebend ist für die zu erzielenden Leistungen.

Allgemein gilt, daß an Gleisen nicht gespart werden soll, und daß dieselben so angelegt und in solchem Umfange vorhanden sein müssen, daß jeder einzelne Bagger ungehindert arbeiten kann.

Zu den sich aus diesen Erwägungen ergebenden Längen kommen je nach Bedarf die Gleisanlagen am Entladebahnhof, das Verbindungsgleis vom Entladebahnhof zur Baustelle, die Gleisanlagen für einen nicht zu knapp zu bemessenden Abstellbahnhof für Lokomotiven und reparaturbedürftige Wagen beim Hauptwerkplatz der Baustelle und die Gleisanlagen für eine eigene Kohlenstation mit besonderen Strängen für die Sammlung ausfallender Wagen und Bereitstellung reparierter Wagen behufs tunlichster Erhaltung der Zugsstärke.

Manchmal werden nur Teile dieser Anlagen notwendig sein, manchmal aber auch dazu noch andere, wie z. B. ein Gleisdreieck oder eine Gleisschleife zum Drehen der Wagen u. dgl.

Die Art des Oberbaumaterials richtet sich in erster Linie nach der Schwere der Transportgeräte und nach der Bodenbeschaffenheit. Bei schlechtem Untergrund empfiehlt es sich, trotz höherer Anschaffungs- und Transportkosten leistungsfähigere Profile zu wählen.

Angaben über die am häufigsten verwendeten Dimensionen sind aus folgender Tab. 29 ersichtlich.

Tabelle 29.

Spurweite . . . . mm	600	750	900
Schienengewicht pro lfd. m . kg	12—14	20—25	25—33
Laschengewicht pro Paar . ,,	3—4	8,6—14	14—27,5
Bolzengröße . . . . mm	16/60	16/75—19/85	19/85—22/105
Bolzengewicht pro 100 Stck. . kg	17,5	24—36	36—81
Schienennagelgröße . . . . mm	11/110	11/110—12/120	12/120—13/130
Schienennagelgewicht pro 100 Stück . . . . . . kg	15	15—16,5	16,5—18
Länge der Schwellen . . . . cm	120—130	150—160	170—180
Breite ,, ,, ... ,,	12—13	15—16	17—18
Höhe ,, ,, ... ,,	12	13	14

Die kleineren Werte dieser Tabelle gelten jeweils für guten Boden, wie Kies usw., die größeren dagegen für schlechtes Material, wie z. B. Lehm.

Bestehen Zweifel, ob Schienenprofil und Schwellenabstand den gestellten Anforderungen genügen, so kann die Probe darauf gemacht werden unter Benutzung der Winklerschen Raddruckformel:

$$R = \frac{W \cdot k}{0,189 \cdot S} \, ,$$

worin bedeuten:

R den Raddruck in kg,
W das Widerstandsmoment in cm³,
k die zulässige Beanspruchung des Schienenquerschnittes in kg/qcm,
S die Entfernung der Schwellenmitten in cm.

Als Hilfsmittel kann dabei nachstehende Tab. 30 dienen, welche die zulässigen Raddrücke (berechnet nach Winkler) für Stahlschienen bei einer Beanspruchung von 1000 kg/qcm angibt.

Tabelle 30.

			12	14	20	25	33
Gewicht . . . . kg/m			12	14	20	25	33
Schienenhöhe . . . . mm			80	80	100	115	134
Widerstandsmomente . . . . cm³			33,8	36,7	65	104	154
Zulässiger Rad-druck bei einer Schwellenmitten-entfernung von	500 mm	kg	3580	3880	6880	11000	16300
	600 ,,	,,	2980	3230	5730	9170	13600
	700 ,,	,,	2560	2780	4910	7850	11640
	800 ,,	,,	2240	2420	4300	6880	10190
	900 ,,	,,	1990	2150	3820	6110	9070
	1000 ,,	,,	1790	1940	3440	5500	8150

Dabei ist angenommen, daß das Gleis gut eingebettet und unterstopft ist.

Ergibt die Untersuchung ein negatives Resultat, so ist zu überlegen, was wirtschaftlicher ist: die Wahl eines kleineren Schwellenabstandes oder eines größeren Schienenprofiles.

D. Sonstiges.

Hierher gehören:

1. Antriebsmaschinen aller Art,
2. Versorgung der Baustelle mit Wasser,
3. Werkplatzeinrichtung und
4. Wohlfahrtseinrichtungen,

also lauter Dinge, die nach Art und Umfang sehr großen Schwankungen unterliegen und für welche infolgedessen nur einige Angaben gemacht werden können, die in Verbindung mit den Tab. 63—78 geeignet sind, als Anhaltspunkte zu dienen. Sache des Veranschlagenden muß es dann bleiben, daraus das zu entnehmen, was er für seinen speziellen Fall braucht.

1. Antriebsmaschinen.

Solche können benötigt sein für den Betrieb von Pumpen zur Wasserversorgung oder auch Wasserhaltung, für die Errichtung größerer oder kleinerer Zentralen zur Erzeugung elektrischen Stromes, für den Antrieb von Werkzeugmaschinen usw. in Werkstätte und Stellmacherei und endlich zum Betrieb von allen möglichen sonstigen Baumaschinen.

Aus dieser vielseitigen Verwendung allein geht schon hervor, daß allgemeine Angaben über die Dimensionierung nicht gemacht werden können und daß dieselbe jeweils von Fall zu Fall erfolgen muß.

Das gleiche gilt für die Entscheidung der Frage, welche Art von Antriebsmaschinen am zweckmäßigsten verwendet wird, Dampfmaschinen (Lokomobilen), Verbrennungsmotoren oder Elektromotoren.

Weitaus am häufigsten werden vorerst noch die fahrbaren Lokomobilen benutzt. Sie verdanken ihre große Verbreitung neben der leichten Aufstellungsmöglichkeit und einfachen Bedienung vor allem der gediegenen und auch sehr roher Behandlung gewachsenen Ausführung und der geringen Empfindlichkeit gegen Überlastungen.

Ihnen am nächsten kommt nach dem Umfang der Verwendung im Baubetrieb der Elektromotor, von dem Dr. Garbotz[1]) mit Recht sagt, daß ihn sein geringes Gewicht, der minimale Platzbedarf, die Anspruchslosigkeit der Wartung, der Vorzug, nur so viel Strom aufzunehmen, als er Energie abgibt, und die geringe Wirkungsgradverschlechterung bei Belastungen unter Normal als für Baubetriebe geradezu prädestiniert erscheinen lassen. Daß der Elektromotor trotz dieser Vorzüge die Lokomobile bislang nicht mehr verdrängt hat, ist ausschließlich darauf zurückzuführen, daß seine Verwendung von dem Vorhandensein eines geeigneten elektrischen Stromes abhängig ist. Sobald die Überlandversorgung mit Elektrizität eine solche Ausdehnung erreicht hat, daß der Strombezug allenthalben ohne besondere Schwierigkeiten erfolgen kann, ist bestimmt zu erwarten, daß sich der Elektromotor die im gebührende erste Stelle erobern wird.

---

[1]) Garbotz, G.: Betriebskosten und Organisation im Baumaschinenwesen, S. 29. Berlin 1922.

Als dritte und letzte Gattung der Antriebsmaschinen sind dann noch die Verbrennungsmotoren zu nennen, welche aber im Vergleich zu den beiden anderen Gruppen nur eine untergeordnete Rolle spielen und fast nur als kleine Benzin- oder Benzolmotore in ganz beschränktem Umfange Verwendung finden.

2. Versorgung der Baustelle mit Wasser.

Grundbedingung für die Versorgung einer Baustelle mit Wasser ist eine gute Beschaffenheit des Wassers, weil davon die Wirtschaftlichkeit eines großen Maschinenbetriebes in erheblichem Maße beeinflußt wird. Es empfiehlt sich deshalb, in dieser Beziehung mit aller Vorsicht zu Werke zu gehen und das Wasser genau untersuchen zu lassen, wenn man sich vor Schaden bewahren will.

Die Aufwendungen für die Versorgung einer Baustelle mit Wasser sind je nach den örtlichen Verhältnissen sehr verschieden.

Sie sind ein Minimum, wenn brauchbares Wasser in genügenden Mengen in nächster Nähe zu haben ist, und können recht beträchtlich werden, wenn z. B. sehr tiefe artesische Brunnen gebohrt werden müssen oder das Wasser von weit entfernten Stellen herzupumpen ist.

In letzterem Falle wird es notwendig sein, den voraussichtlichen Höchstwasserbedarf und Gesamtwasserbedarf bei vollem Betrieb so genau als nur möglich festzustellen und darnach die Dimensionierung der Pumpenanlage und des Rohrnetzes vorzunehmen.

Als Unterlage für den Wasserbedarf der Dampfkessel usw. können die einschlägigen Ausführungen im V. Abschnitt dienen; die ermittelte Wassermenge ist dann noch zu erhöhen um den etwa zu Betonierungsarbeiten u. dgl. benötigten Betrag sowie um die Gebrauchswassermengen für Werkplatz, Kantinen und Baracken.

Für große Baustellen ist es durchaus keine Seltenheit, daß bis zu 800 und noch mehr Kubikmeter Wasser pro Tag verbraucht werden, und es ist klar, daß bei solchen Mengen ein gewisser Wasservorrat unumgänglich notwendig ist für den Fall, daß aus irgendwelchen Gründen der Zufluß vorübergehend aufhört.

Als Mindestmaß an Wasservorrat sollte man bei einschichtigem Betrieb den Höchstverbrauch für 1 Stunde nehmen, bei ununterbrochenem Tag- und Nachtbetrieb dagegen wegen der schwierigeren Behebung von Störungen bei Nacht den Verbrauch für etwa 1,5—2 Stunden.

Die Ansammlung dieses Vorrates geschieht meist in einem oder mehreren Behältern, welche unmittelbar aus der Druckleitung der Pumpenanlage gespeist und zweckmäßig so hoch gestellt werden, daß die ganze Baustelle von hier aus ohne weitere maschinelle Hilfsmittel versorgt werden kann.

Ist das Gelände günstig, so genügt es, einen Punkt auszusuchen, dessen Höhenlage den gestellten Anforderungen entspricht und dort den oder die Behälter zu montieren; ist ein solcher natürlicher Punkt im Gelände nicht vorhanden, so wird man die Wasserreservoire in nächster Nähe der Stelle des voraussichtlich größten Bedarfes auf entsprechend hohe Gerüste stellen, deren Kosten bei Ermittlung des Wasserpreises pro cbm mit einzurechnen sind.

Von dieser Sammelstelle aus erfolgt dann die Verteilung auf die Baustelle selbst, für welche meistens ein Rohrnetz aus galvanisierten Röhren verwendet wird.

Den Bedarf an Formstücken usw. berücksichtigt man am einfachsten dadurch, daß man das Gewicht der Rohre um etwa 2%, die Beschaffungskosten derselben aber um etwa 10—20% erhöht.

Als Hilfsmittel für die Auswahl einer geeigneten Pumpe kann Tab. 31 dienen.

Tabelle 31.

	Leistung cbm/Std.	Druckhöhe m	Lichte Weite in mm		Touren pro Min.
			Saugstutzen	Druckstutzen	
Einfach wirkende Plungerpumpe für Riemenantrieb	1,5	50	35	30	200
	3,0	50	40	35	140
	5,4	50	60	50	130
	7,4	50	60	50	120
Doppelt wirkende Plungerpumpe für Riemenantrieb	10,0	50	70	60	145
	12,0	50	80	70	130
	14,8	50	90	80	120
	19,5	50	100	90	110
	25,0	50	125	100	100
	33,0	50	125	125	80
	40,0	50	150	125	70
	48,0	50	150	125	70
Doppelt wirkende Plungerpumpe für Riemenantrieb	6,0	130	60	50	150
	10,7	130	80	70	120
	14,0	130	90	80	90
	20,0	130	100	90	85
	30,0	130	125	100	80

Der Kraftbedarf, welchen die Pumpe benötigt, kann alsdann gefunden werden aus der Gleichung:

$$K = \frac{Q \cdot H}{\eta \cdot 75}\,^{1)} .$$

worin bedeutet:

Q die sekundliche Wassermenge in l,

H den Höhenunterschied zwischen Wasserspiegel Entnahmestelle und höchstem Punkt der Druckrohrleitung in m und

η den Wirkungsgrad, den man für Überschlagsrechnungen setzen kann:

bei sehr vollkommenen Pumpen	$\eta = 0,82$ bis	$0,73$
„ guten „	$\eta = 0,78$ „	$0,70$
„ gewöhnlichen „	$\eta = 0,72$ „	$0,69$
„ roh ausgeführten „	$\eta = 0,66$ „	$0,58$

Der jeweilige erste Wert von η gilt für kleine Geschwindigkeiten und große Förderhöhen, der zweite für große Geschwindigkeiten und kleine Förderhöhen.

---

[1]) Siehe Handb. d. Ing.-Wiss. Teil IV, Bd. 1, S. 350.

Dabei ist angenommen, daß Saugleitung und Druckleitung die gleiche lichte Weite haben wie der Saug- bzw. Druckstutzen der Pumpe, ferner daß die Saughöhe nicht sehr groß ist, die Saugleitung ein Fußventil besitzt und die Länge der Druckleitung nicht wesentlich größer ist als H.

Vielfach wird gerade die letzte Bedingung nicht erfüllt sein, und dann ist es nötig, für die Ermittlung des Kraftbedarfs die Höhe H zu vergrößern um eine Zusatzhöhe h, die sich ergibt nach der Formel

$$h = \zeta \cdot \frac{l}{d} \cdot \frac{v^2}{2g}\,{}^1),$$

worin bedeutet:

l die Länge der Rohrleitung in m,
d den inneren Durchmesser in m,
v die Geschwindigkeit des Wassers in m,
ζ den Reibungskoeffizienten, welcher nach Weisbach zu setzen ist:

$$\zeta = 0{,}01439 + \frac{0{,}009471}{\sqrt{v}},$$

d. h. für

$v =$ 0,1	0,2	0,3	0,4	0,5	0,6	0,7	0,8	1,0	1,5	2,0
$\zeta =$ 0,0443	0,0356	0,0317	0,0294	0,0278	0,0266	0,0257	0,0250	0,0239	0,0221	0,0211

oder nach Darcy

$$\zeta = 0{,}01989 + \frac{0{,}0005078}{d},$$

wonach ζ abhängig vom Durchmesser der Leitung ist.

Letztere Formel ermöglicht auch, die an der Rohrleitung eintretende Verengung zu berücksichtigen.

Für die Berechnung von bekrusteten Rohrleitungen soll Darcy eine Verdoppelung der Reibungskoeffizienten empfohlen haben.

Die betreffenden Werte von ζ nach Darcy ergibt nachstehende Tab. 32.

Tabelle 32.

Rohrdurchmesser d m	Reibungskoeffizient ζ	Rohrdurchmesser d m	Reibungskoeffizient ζ	Rohrdurchmesser d m	Reibungskoeffizient ζ
0,020	0,04528	0,075	0,02666	0,175	0,02279
0,030	0,03682	0,080	0,02623	0,200	0,02243
0,040	0,03258	0,090	0,02553	0,225	0,02215
0,050	0,03005	0,100	0,02497	0,250	0,02192
0,060	0,02835	0,125	0,02395	0,275	0,02173
0,070	0,02714	0,150	0,02327	0,300	0,02158

Die Geschwindigkeit des Wassers in der Druckrohrleitung schwankt etwa zwischen 0,5 und 2,0 m. Für kleine Förderhöhen und lange Leitungen kann man 0,5—1,2 m wählen, während für große Förderhöhen, bei denen die Nutzarbeit im Verhältnis zu den Reibungswiderständen bedeutend ist, höhere Geschwindigkeiten genommen werden.

$^1)$ Siehe Handb. d. Ing.-Wiss. Teil IV, Bd. 1, S. 337.

Beispiel: Wie groß ist die Zusatzhöhe h in einer Rohrleitung von $d = 0{,}100$ m, wenn dieselbe 300 m lang und mit $v = 1{,}00$ m Geschwindigkeit durchflossen wird? Für $d = 0{,}100$ m ist nach Darcy $\zeta = 0{,}02497$, also

$$h = \zeta \cdot \frac{l}{d} \cdot \frac{v^2}{2g} = 0{,}02497 \cdot \frac{300}{0{,}100} \cdot \frac{1{,}0^2}{2 \cdot 9{,}81} = 3{,}82 \text{ m.}$$

Nach Weisbach wäre $\zeta = 0{,}0239$ und $h = 3{,}65$ m.

Nimmt man an, die Pumpe solle pro Stunde 28 cbm Wasser liefern, und der Höhenunterschied zwischen Wasserspiegel Entnahmestelle und höchster Punkt Druckrohrleitung sei 40 m, so wäre der Kraftbedarf

$$K = \frac{Q \cdot (H + h)}{\eta \cdot 75} = \frac{\dfrac{28\,000}{3600} \cdot (40{,}00 + 3{,}82)}{0{,}8 \cdot 78} = 5{,}7 \text{ PS.}$$

3. Werkplatzeinrichtung.

Unter Werkplatzeinrichtung im vorliegenden Sinne soll alles verstanden sein, was zur Sicherstellung eines geordneten Baubetriebes notwendig ist.

Sie umfaßt demgemäß neben dem Baubüro Baumagazin, Werkstätte mit Schmiede, Stellmacherei, Lokomotivschuppen u. dgl. m.

Zu den einzelnen Teilen, welche auf jeder größeren Baustelle wiederkehren, soll kurz folgendes bemerkt werden:

a) Baubüro.

Das Baubüro wurde früher vielfach in gemieteten Räumen untergebracht, sofern solche in geeigneter Lage zu haben waren. In letzter Zeit ist diese einfachste Lösung fast nie mehr möglich gewesen und es mußten deshalb dafür meist eigene Baracken aufgestellt werden.

Dieser Umstand und die Gepflogenheit, in derartigen Fällen die Bürobaracke der leichteren Bewachung halber in nächster Nähe von Magazin und Werkstätte usw. zu errichten, waren die Veranlassung, daß auch sie zweckmäßig direkt als Bestandteil der Werkplatzeinrichtung mit aufgenommen wurde.

Die Größe und Ausstattung des Baubüros ist abhängig von Dauer und Umfang der Arbeiten, für welche es bestimmt ist, und nicht zuletzt von der Art des Vertrages, nach dem gearbeitet wird.

Es kann um so kleiner sein, je mehr sich die Vertragsart jener des Vorkriegsakkords nähert, und wird unter Umständen einen recht beträchtlichen Umfang annehmen, wenn der sog. Kolonialvertrag mit seinen unendlichen Einzelnachweisen zugrunde liegt.

Auf jeden Fall sollte aber das Baubüro von solcher Beschaffenheit sein, daß es dem Personal möglich ist, bei jedem Wetter und in jeder Jahreszeit ungehindert seinen Dienst zu machen.

Bei Festsetzung von Größe und Raumeinteilung ist darauf zu achten, daß die technische und kaufmännische Abteilung womöglich vollkommen voneinander zu trennen sind, und daß Vorkehrungen getroffen werden, die es gestatten, den Parteiverkehr (Lohnauszahlungen u. dgl.) so abzuwickeln, daß die übrigen Angestellten in ihrer Arbeit nicht gestört werden.

b) Baumagazin.

Ausgestaltung und Inhalt des Baumagazins richten sich ganz nach den Bedürfnissen der Baustelle und müssen von Fall zu Fall bestimmt werden nach dem Grundsatz, daß es tunlichst alles enthalten soll, was zur Gewährleistung eines ungestörten Arbeitsfortganges und Ermöglichung raschester Behebung eingetretener Defekte an den Geräten notwendig ist.

Demgemäß wird sich ein Baumagazin für größere Arbeiten im allgemeinen in folgende Unterabteilungen gliedern:

1. einen größeren Raum für Werkzeuge, Schrauben, Nieten, Nägel, Kleineisenzeug, Wasserleitungsmaterial u. dgl., in einzelnen Regalen übersichtlich geordnet,

2. einen kleinen, besonders abgeschlossenen Raum für die Meßgeräte aller Art,

3. einen ebenfalls abgeschlossenen Raum für hochwertige Maschinenteile, sowie Dichtungen, Packungen u. dgl.,

4. einen eigenen Raum für Maschinenersatzteile und Rollwagenersatzteile,

5. eine Abteilung für Eisen, Stahl und Rohre und

6. einen Raum neben dem Eingang für die Materialverwaltung.

Je nach der Größe der Baustelle kann noch eine weitergehende Unterteilung erforderlich werden oder aber auch die Möglichkeit bestehen, verschiedene der vorstehenden Abteilungen in einen einzigen Raum zusammenzulegen.

Sachlich als ebenfalls zum Baumagazin gehörig sind die Aufbewahrungsräume für Schmier- und Putzmittel zu bezeichnen, jedoch empfiehlt es sich, dieselben wegen der erhöhten Feuersgefahr besser abseits in einem eigenen Raum unterzubringen.

c) Werkstätte.

Werkstätte und Schmiede sollen so geräumig sein, daß die sämtlichen häufiger vorkommenden Reparaturen darin erledigt werden können und alles enthalten, was dazu an Werkzeugmaschinen und sonstiger Ausstattung notwendig ist.

Einen Anhaltspunkt geben die Tab. 72 und 73 des nächsten Abschnitts.

d) Stellmacherei.

Auch für die Stellmacherei gilt, daß sich die Gesamtanlage derselben sowie ihre Ausrüstung mit Werkzeugmaschinen ganz nach der Größe des Wagenparks richtet, und es wird diesbezüglich auf die Tab. 74 und 75 des nächsten, sowie die Ausführungen über Rollwagenreparaturen des IV. Abschnitts verwiesen.

e) Lokomotivschuppen.

Zur Schonung der Lokomotiven ist es vorteilhaft, eigene Unterstandsschuppen aufzustellen, welche zugleich einen Schutz gegen die

Witterung bei Vornahme kleinerer Reparaturen bilden und zweckmäßig hierfür mit eingerichtet werden.

Bei ununterbrochenem Tag- und Nachtbetrieb können diese Schuppen ruhig auf der Einfahrtsseite ganz offen bleiben, bei Betrieb mit Pausen empfiehlt es sich dagegen, schon mit Rücksicht auf die geringere Abkühlung und die damit verbundene Kohlenersparnis beim Anheizen die Schuppen ganz zu schließen.

4. Wohlfahrtseinrichtungen.

An Wohlfahrtseinrichtungen kommen für den Baubetrieb hauptsächlich in Frage Kantinen, dann aber auch Arbeiterwohnbaracken und, falls letztere in größerem Umfange errichtet werden müssen, eine eigene Krankenbaracke und Badeeinrichtungen.

Für Kantinen und Wohnbaracken können die Tab. 77 und 78 als Anhalt dienen, während der Einfluß der sonstigen Einrichtungen am einfachsten in der Weise berücksichtigt wird, daß man erforderlichenfalls den Aufwand für die Wohnbaracken um etwa 10% erhöht.

III. Auslagen für Beschaffung der Geräte.

Zu den Auslagen für Beschaffung der Geräte sind neben den Gerätemieten bzw. Verzinsung und Abschreibung der Geräte auch die Frachten für deren An- und evtl. Rücktransport zu zählen.

A. Gerätemieten.

Werden die Geräte für die Ausführung eines Bauvorhabens gemietet, so ist zu beachten, daß von den geräteausleihenden Firmen fast stets ohne Rücksicht auf die wirkliche Dauer der Benutzung die Vergütung für eine sog. Mindestmietdauer gefordert wird, und daß die Mietzeit zu laufen pflegt von dem Tage, an der das Gerät verladen bzw. bereitgestellt wird, bis zu dem Tage, wo es wieder an dem vereinbarten Platze zur Ablieferung kommt.

Voraussetzung ist dabei, daß die Rückgabe (abgesehen von dem normalen Verschleiß) in betriebsfähigem Zustande erfolgt. Trifft dies nicht zu, so geht nach den meisten Mietverträgen nicht nur die Wiederinstandsetzung zu Lasten des Mieters, sondern derselbe hat auch die Miete selbst so lange weiter zu bezahlen, bis das Gerät durchrepariert ist.

Diesen allgemein üblichen Bedingungen ist bei Bemessung der voraussichtlichen Mietdauer Rechnung zu tragen.

Um einen Überblick hinsichtlich der Aufwendungen zu geben, welche bei gemieteten Geräten ungefähr entstehen, sollen in den folgenden Tabellen die Sätze genannt werden, die vor dem Kriege bei Benutzung der Geräte in einschichtigem Betrieb, d. h. bis zu 12 Stunden pro Tag, bezahlt wurden.

1. Bagger.

a) Eimerbagger.

Tabelle 33.

	Monatliche Miete für eine Mietdauer			
	bis 3 Mt. M.	bis 6 Mt. M.	bis 12 Mt. M.	über 12 Mt. M.
Lübecker Trockenbagger, Type B .	kommt	3850.—	2750.—	2200.—
,, ,, ,, A .	nicht	3150.—	2250.—	1800.—
,, ,, ,, O .	in	2300.—	1650.—	1320.—
,, ,, ,, C .	Frage	1960.—	1400.—	1120.—
,, ,, ,, F .	2000.—	1400.—	1000.—	800.—

b) Löffelbagger.

Tabelle 34.

	Monatliche Miete bei einer Mietdauer			
	bis 3 Mt. M.	bis 6 Mt. M.	bis 12 Mt. M.	über 12 Mt. M.
Modell G, Löffelinhalt 2 cbm . .	3200.—	2240.—	1600.—	1280.—
,, F 2, ,, 1,6 ,, . .	2800.—	1960.—	1400.—	1120.—
,, F 1, ,, 1,3 ,, . .	2500.—	1750.—	1250.—	1000.—
,, E, ,, 1,0 ,, . .	2250.—	1575.—	1125.—	900. –
,, C 2, ,, $^3/_4$,, . .	2000.—	1400.—	1000.—	800.—

c) Greifbagger.

Tabelle 35.

	Monatliche Miete bei einer Mietdauer			
	bis 3 Mt. M.	bis 6 Mt. M.	bis 12 Mt. M.	über 12 Mt. M.
Größe E, Greiferinhalt 0,8 cbm . .	2000.—	1400.—	1000.—	800.—
,, C 1, ,, 0,4 ,, . .	1200.—	840.—	600.—	480.—

2. Fahrpark.

a) Rollwagen.

Tabelle 36.

	Monatliche Miete bei einer Mietdauer			
	bis 3 Mt. M.	bis 6 Mt. M.	bis 12 Mt. M.	über 12 Mt. M.
600 mm Spurweite:				
$^3/_4$ cbm Blechmuldenkipper . . .	6.40	4.80	3.20	2.40
1 ,, ,, . . .	12.—	9.—	6.—	4.50
$1^1/_4$,, Holzkastenkipper	15.—	10.50	7.50	6.—
$1^1/_2$,, ,, ...	19.—	13.30	9.50	7.60
750 mm Spurweite:				
$^3/_4$ cbm Blechmuldenkipper . . .	8.80	6.60	4.40	3.30
1 ,, ,, . . .	12.—	9.—	6.—	4.50
$1^1/_2$,, ,, . . .	17.60	13.20	8.80	6.60
$1^1/_2$,, Holzkastenkipper	20.—	14.—	10.—	8.—
2 ,, ,, ...	26.—	18.20	13.—	10.40

Tabelle 36. (Fortsetzung.)

	Monatliche Miete bei einer Mietdauer			
	bis 3 Mt. M.	bis 6 Mt. M.	bis 12 Mt. M.	über 12 Mt. M.
900 mm Spurweite:				
2 cbm Stahlmuldenkipper . . .	20.80	15.60	10.40	7.80
2 „ Holzkastenkipper	28.—	19.60	14.—	11.20
$2^1/_2$ „ „	32.50	22.75	16.25	13.—
3 „ „	35.—	24.50	17.50	14.—
$3^1/_2$ „ „	44.—	30.80	22.—	17.60
4 „ „	48.—	33.60	24.—	19.20

b) Lokomotiven.

Tabelle 37.

	Monatliche Miete bei einer Mietdauer			
	bis 3 Mt. M.	bis 6 Mt. M.	bis 12 Mt. M.	über 12 Mt. M.
600 mm Spurweite: 35 PS	480.—	360.—	240.—	180.—
45 „	540.—	405.—	270.—	200.—
55 „	600.—	450.—	300.—	225.—
750 „ „ 45 „	560.—	420.—	280.—	210.—
55 „	625.—	470.—	310.—	235.
70 „	720.—	540.—	360.—	270.—
900 „ „ 100 „	840.—	630.—	420.	315.
140 „	1000.—	750.—	500.—	375.
160 „	1100.—	825.—	550.—	410.—
200 „	1160.—	870.—	580.—	435.—

3. Gleismaterial.

Tabelle 38.

	Monatliche Miete bei einer Mietdauer			
	bis 3 Mt. M.	bis 6 Mt. M.	bis 12 Mt. M.	über 12 Mt. M.
a) Schienen				
Rahmengleis 600 mm Spur, fertig montiert	—.15	—.12	—.10	—.08
Schienen von 12 kg/m ⎫ 1 lfd. m Gleis,	—.15	—.12	—.10	—.08
„ „ 14 „ ⎪ jedoch ohne	—.18	—.14	—.12	—.10
„ „ 20 „ ⎬ Schwellen	—.25	—.20	—.16	—.13
„ „ 25 „ ⎪ und Klein-	—.30	—.25	—.20	—.16
„ „ 33 „ ⎭ eisenzeug	—.40	—.33	—.27	—.22
b) Weichen				
für Rahmengleis 600 mm Spur, fertig montiert	7.50	5.—	3.—	2.—
für 12 kg/m Gleis	10.50	7.—	4.20	2.80
„ 14 „ „ ⎫ ohne Zwischen-	12.—	8.—	4.80	3.20
„ 20 „ „ ⎪ schienen,	18.—	12.—	7.20	4.80
„ 25 „ „ ⎬ Schwellen und	22.50	15.—	9.—	6.—
„ 33 „ „ ⎭ Kleineisenzeug	27.—	18.—	10.80	7.20
c) Drehscheiben				
Einbaudrehscheiben 600 mm Spur .	7.50	5.—	3.—	2.—
„ 750 „ „ .	9.—	6.—	3.60	2.40
Kletterdrehscheiben 600 „ „ .	22.50	15.—	9.—	6.—
„ 750 „ „ .	27.—	18.—	10.80	7.20

Selbstverständlich waren diese Sätze erheblichen Schwankungen unterworfen und insbesondere gebrauchte Geräte vielfach schon zu wesentlich niedrigeren Preisen zu haben.

B. Verzinsung und Abschreibung.

Die zweite und für die Durchführung größerer Erdarbeiten fast ausschließlich in Betracht kommende Möglichkeit ist die, daß die Geräte Eigentum der ausführenden Firma sind.

In diesem Falle sind an Stelle der Gerätemieten die für die Verzinsung und Abschreibung der Beschaffungskosten notwendigen Beträge in die Kostenberechnung aufzunehmen und es ist dazu folgendes zu bemerken:

Verzinsung sowohl, als auch Abschreibung sind keine Festbeträge, sondern ihrerseits wiederum abhängig, und zwar: die Verzinsung von dem Buchwert des betreffenden Gerätes und die Abschreibung davon, ob das Gerät neu beschafft wurde oder schon längere Zeit in Betrieb ist, ferner ob es ein Gerät ist, das durch großen Verschleiß oder rasche Veraltung bald wertlos wird, und endlich ob es ein Gerät ist, für welches eine vielseitige Verwendbarbeit besteht oder ein Apparat, der zur Erreichung eines ganz bestimmten Zwecks beschafft oder gar eigens gebaut wurde und für den eine weitere Verwendung überhaupt nicht mehr in Frage kommt.

Für die Verzinsung wird man im allgemeinen mit einem Satz rechnen können, der dem jeweiligen Reichsbankdiskontsatz entspricht; für die Abschreibung hingegen bewegen sich die Werte zwischen 20—30% im 1. Jahr und 8—15% in den weiteren Jahren und können sogar so weit steigen, daß in Sonderfällen ein Gerät auf eine einzige Arbeit bis auf den Altverkaufswert abgeschrieben werden muß.

Beide Ausgangspunkte, Buchwert und Alter des Gerätes, sind wohl dem Unternehmer bekannt, dagegen nicht dem Bauherrn, und es wird sich in der Folge darum handeln, diesen Nachteil auszugleichen und einen Weg zu finden, welcher unabhängig davon beiden Teilen gerecht wird.

Zur Erreichung dieses Zieles ist es notwendig, auf den nächsten Abschnitt „Auslagen für Unterhaltung der Geräte" vorzugreifen.

Berücksichtigt man nämlich, daß bei älteren Geräten zwar die Aufwendungen für die Abschreibung geringer werden, dafür aber jene für die Unterhaltung nicht unerheblich steigen, und geht man noch einen Schritt weiter und legt der Verzinsung nicht den Buchwert, sondern den Anschaffungswert zugrunde, so kann man sagen, es ist damit eine so weitgehende Annäherung an die Wirklichkeit erzielt, daß die Annahme berechtigt erscheint, der zu Lasten eines neuen Gerätes alsdann noch verbleibende Nachteil könne durch die anderseits verbundenen Betriebsvorteile als ausgeglichen gelten.

Man wird also zweckmäßig für die Verzinsung den jeweiligen Reichsbankdiskontsatz und den vollen Anschaffungswert zugrunde legen, für die Abschreibung hingegen, von Sonderfällen abgesehen, allgemein die für gebrauchte Geräte üblichen Sätze von 8—15% des Neuwertes.

Diese Sätze von 8—15% gelten natürlich nur für größere Baugeräte, nicht aber für die sog. Kleingeräte und Werkzeuge sowie solche Materialien, die einem besonders großen Verschleiß unterliegen, wie Holzschwellen, Kleineisenzeug u. dgl. m. Für diese wird es erforderlich sein, erheblich höhere Abschreibungsquoten zu nehmen; und um ein Bild zu geben, mit welchen Beträgen hierfür unter normalen Verhältnissen pro Jahr bei 12 Stunden täglicher Arbeitszeit zu rechnen ist, sollen die gebräuchlichsten Geräte für Erdbewegung nebst allem Zubehör in folgenden Tabellen zusammengefaßt sein.

Die in der letzten Spalte angegebenen Beträge stellen in sämtlichen Tabellen (39—78) den Aufwand für den im Durchschnitt pro Jahr eintretenden Verschleiß dar und zwar bei Annahme von 3000 Betriebsstunden.

1. Bagger.

a) Eimerbagger.

Die sämtlichen Angaben für Eimerbagger verstehen sich für die von der Lübecker Maschinenbau-Gesellschaft unter der betreffenden Bezeichnung gebauten Bagger, und zwar durchgehend mit Dampfantrieb, nachdem diese Art des Antriebes vorläufig immer noch die im Tiefbau am häufigsten vorkommende ist.

1. Type NE I.

Tabelle 30.

	Gewicht nach Tarif-klasse			Anschaffungs-wert	Abzuschreiben mit		
	B	D	E		15 %	30 %	100 %
	kg	kg	kg	M.	M.	M.	M.
1 Trockenbagger, Type NE I mit							
300 l Eimerinhalt .	214 000		35 000	200 000.—	200 000.—		
Reserveteile dazu .	10 000			30 000.—			15 000.—
400 m Baggergleis .		184 000		18 000.—	7 500.—	8 000.—	2 500.—
Sonstiges Zubehör .		6 000		4 500.—		3 000.—	1 500.—
	224 000	190 000	35 000	252 500.—	207 500.—	11 000.—	19 000.—

2. Type E II.

Tabelle 40.

	Gewicht nach Tarif-klasse			Anschaffungs-wert	Abzuschreiben mit		
	B	D	E		15 %	30 %	100 %
	kg	kg	kg	M.	M.	M.	M.
1 Trockenbagger, Type E II mit							
250 l Eimerinhalt .	114 000		24 000	108 000.—	108 000.—		
Reserveteile dazu .	6 000			18 000.—			9 000.—
400 m Baggergleis .		172 000		16 500.—	7 000.—	7 500.—	2 000.—
Sonstiges Zubehör .		5 000		3 500.—		2 500.—	1 000.—
	120 000	177 000	24 000	146 000.—	115 000.—	10 000.—	12 000.—

3. Type B.
Tabelle 41 ·

	Gewicht nach Tarifklasse			Anschaffungswert	Abzuschreiben mit		
	B	D	E		15 %	30 %	100 %
	kg	kg	kg	M.	M.	M.	M.
1 Trockenbagger, Type B mit							
250 l Eimerinhalt .	110 000		27 000	104 000.—	104 000.—		
Reserveteile dazu .	5 000			15 000.—			7 500.—
350 m Baggergleis .		150 000		14 500.—	6 200.—	6500.—	1 800.—
Sonstiges Zubehör .		5 000		3 500.—		2500.—	1 000.—
	115 000	155 000	27 000	137 000.—	110 200.—	9000.—	10 300.—

4. Type E III.
Tabelle 42.

	Gewicht nach Tarifklasse			Anschaffungswert	Abzuschreiben mit		
	B	D	E		15 %	30 %	100 %
	kg	kg	kg	M.	M.	M.	M.
1 Trockenbagger, Type E III mit							
180 l Eimerinhalt .	86 000		19 000	81 500.—	81 500.—		
Reserveteile dazu .	4 000			12 000.—			6000.—
300 m Baggergleis .		120 000		11 700.—	5 000.—	5200.—	1500.—
Sonstiges Zubehör .		4 000		3 000.—		2000.—	1000.—
	90 000	124 000	19 000	108 200.—	86 500.—	7200.—	8500.—

5. Type A.
Tabelle 43.

	Gewicht nach Tarifklasse			Anschaffungswert	Abzuschreiben mit		
	B	D	E		15 %	30 %	100 %
	kg	kg	kg	M.	M.	M.	M.
1 Trockenbagger, Type A mit							
180 l Eimerinhalt .	63 000		14 000	55 000.—	55 000.—		
Reserveteile dazu .	3 000			10 000.—			5000.—
300 m Baggergleis .		80 000		7 800.—	3 600.—	3400.—	800.—
Sonstiges Zubehör .		4 000		3 000.—		2000.—	1000.—
	66 000	84 000	14 000	75 800.—	58 600.—	5400.—	6800.—

6. Type O.
Tabelle 44.

	Gewicht nach Tarifklasse			Anschaffungswert	Abzuschreiben mit		
	B	D	E		15 %	30 %	100 %
	kg	kg	kg	M.	M.	M.	M.
1 Trockenbagger, Type O mit							
140 l Eimerinhalt .	45 000		10 000	38 000.—	38 000.—		
Reserveteile dazu .	2 000			6 400.—			3200.—
250 m Baggergleis .		54 000		5 200.—	2 000.—	2500.—	700.—
Sonstiges Zubehör .		3 200		2 400.—		1600.—	800.—
	47 000	57 200	10 000	52 000.—	40 000.—	4100.—	4700.—

7. Type C.
Tabelle 45.

	Gewicht nach Tarif-klasse			An-schaffungs-wert	Abzuschreiben mit		
	B	D	E		15 %	30 %	100 %
	kg	kg	kg	M.	M.	M.	M.
1 Trockenbagger, Type C mit							
100 l Eimerinhalt .	40 000		8000	32 000.—	32 000.—		
Reserveteile dazu .	2 000			6 000.—			3000.—
200 m Baggergleis .		40 000		3 800.—	1 600.—	1800.—	400.—
Sonstiges Zubehör .		2 500		1 800.—		1200.—	600.—
	42 000	42 500	8000	43 600.—	33 600.—	3000.—	4000.—

8. Type F.
Tabelle 46.

	Gewicht nach Tarif-klasse			An-schaffungs-wert	Abzuschreiben mit		
	B	D	E		15 %	30 %	100 %
	kg	kg	kg	M.	M.	M.	M.
1 Trockenbagger, Type F mit							
60 l Eimerinhalt .	25 000		6000	22 000.—	22 000.—		
Reserveteile dazu .	12 000			3 600.—			1800.—
150 m Baggergleis .		21 000		2 100.—	1 000.—	800.—	300.—
Sonstiges Zubehör .		2 000		1 500.—		1000.—	500.—
	26 200	23 000	6000	29 200 —	23 000.—	1800.—	2600.—

Das Rücken der Baggergleise bei den großen Typen N EI, E II und B geschieht heute fast ausnahmslos unter Zuhilfenahme von Gleisrückmaschinen (s. S. 36), und es soll deshalb die beweglichere der beiden Hauptarten, nämlich jene „System Arbenz", hier mit aufgeführt werden.

Bei Berechnung der bei Verwendung dieses Apparates anfallenden Kosten ist zu beachten, daß bis 1. 2. 1932 eine Lizenzgebühr auf demselben ruht, welche zur Zeit für den 1. Bagger M. 5000.— und für jedes weitere Gerät M. 1500.— pro Jahr beträgt. Ab 1. 2. 1932 ermäßigen sich diese Sätze bis zum 1. 1. 1937 auf die Hälfte.

Die Angaben für Reserveteile verstehen sich für Bedienung von 1 Bagger, bei Bedienung von mehreren Baggern ist dieser Betrag prozentual zu erhöhen.

Gleisrückmaschine, System Arbenz.
Tabelle 47.

	Gewicht nach Tarif-klasse B	An-schaffungs-wert	Abzuschreiben mit	
			15 %	100 %
	kg	M.	M.	M.
1 Gleisrückmaschine, System A. K.	11 000	13 000.—	1 3000.—	
Reserveteile dazu	1 100	2 400.—		1 200.—
	12 100	15 400.—	1 3000.—	1 200.—

b) Löffelbagger.

Für die Löffelbagger wurden die Angaben zugrunde gelegt, welche
die Maschinenfabrik Menck & Hambrock G. m. b. H. Altona-Ottensen
für ihre die betreffende Bezeichnung tragenden Bagger macht.

1. Modell G 20.

Tabelle 48.

	Gewicht nach Tarif-klasse			An-schaffungs-wert	Abzuschreiben mit		
	B kg.	D kg.	E kg.	M.	15 % M.	30 % M.	100 % M.
1 Löffelbagger mit 2,0—2,5 cbm Löffelinhalt .	56 250		25 000	50 000.—	50 000.—		
Reserveteile dazu	5 000			10 000.—			5000.—
Baggergleis (s. auch Tab. 54)		6 000		2 000.—	1 300.—	500.—	200.—
Sonstiges Zubehör		5 000		3 500.—		2500.—	1000.—
	61 250	11 000	25 000	65 500.—	51 300.—	3000.—	6200.—

2. Modell G.

Tabelle 49.

	Gewicht nach Tarif-klasse			An-schaffungs-wert	Abzuschreiben mit		
	B kg	D kg	E kg	M.	15 % M,	30 % M.	100 % M.
1 Löffelbagger mit 2 cbm Löffelinhalt	46 500		12 000	40 000.—	40 000.—		
Reserveteile dazu	5 000			10 000.—			5000.—
Baggergleis (s. auch Tab. 54)		6 000		2 000.—	1 300.—	500.—	200.—
Sonstiges Zubehör		5 000		3 500.—		2500.—	1000.—
	51 500	11 000	12 000	55 500.—	41 300.—	3000.—	6200.—

3. Modell F 2.

Tabelle 50.

	Gewicht nach Tarif-klasse			An-schaffungs-wert	Abzuschreiben mit		
	B kg	D kg	E kg	M.	15 % M.	30 % M.	100 % M.
1 Löffelbagger mit 1,6 cbm Löffelinhalt	38 500		11 500	37 300.—	37 300.—		
Reserveteile dazu	3 500			7 000.—			3500.—
Baggergleis (s. auch Tab. 54)		5100		1 800.—	1 200.—	400.—	200.—
Sonstiges Zubehör		4000		3 000.—		2000.—	1000.—
	42 000	9100	11 500	49 100.—	38 500.—	2400.—	4700.—

4. Modell F 1.

Tabelle 51.

	Gewicht nach Tarif-klasse			An-schaffungs-wert	Abzuschreiben mit		
	B kg	D kg	E kg	M.	15 % M.	30 % M.	100 % M.
1 Löffelbagger mit 1,3 cbm Löffelinhalt	33 000		10 000	33 250.—	33 250.—		
Reserveteile dazu	3 300			6 600.—			3300.—
Baggergleis (s. auch Tab. 54)		4600		1 500.—	1 000.—	380.—	120.—
Sonstiges Zubehör		3500		2 700.—		1800.—	900.—
	36 300	8100	10 000	44 050.—	34 250.—	2180.—	4320.—

5. Modell E.

Tabelle 52.

	Gewicht nach Tarifklasse			An-schaffungs-wert	Abzuschreiben mit		
	B	D	E		15 %	30 %	100 %
	kg	kg	kg	M.	M.	M.	M.
1 Löffelbagger mit 1,0 cbm Löffelinhalt	27 000		7000	29 200.—	29 200.—		
Reserveteile dazu	2 700			5 400.—			3000.—
Baggergleis (s. auch Tab. 54)		4000		1 300.—	850.—	350.—	100.—
Sonstiges Zubehör		3000		2 250.—		1500.—	750.—
	29 700	7000	7000	38 150.—	30 050.—	1850.—	3850.—

6. Modell C 2.

Tabelle 53.

	Gewicht nach Tarifklasse			An-schaffungs-wert	Abzuschreiben mit		
	B	D	E		15 %	30 %	100 %
	kg	kg	kg	M.	M.	M.	M.
1 Löffelbagger mit $^3/_4$ cbm Löffelinhalt	20 500		5000	24 600.—	24 600.—		
Reserveteile dazu	2 000			4 000.—			2500.—
Baggergleis (s. auch Tab. 54)		3000		1 200.—	850.—	280.	70.—
Sonstiges Zubehör		2500		1 800.—		1200.—	600.—
	22 500	5500	5000	31 600.—	25 450.—	1480.—	3170.—

In den Tab. 48—53 wurde angenommen, daß das Baggergleis, wie meist üblich, aus drei fest montierten Rosten besteht.

Trifft diese Annahme nicht zu und wird auf langem Gleis gebaggert, so sind die für das Baggergleis eingesetzten Werte herauszunehmen und dafür pro 100 m Gleislänge folgende Beträge einzuführen:

Tabelle 54.

	Gewicht nach Tarifklasse D	An-schaffungs-wert	Abzuschreiben mit		
			15 %	30 %	100 %
	kg	M.	M.	M.	M.
100 m durchlaufendes Gleis für Löffelbagger.					
Modell G 20 oder G	28 800	2800.—	1200.—	1400.—	200.—
Modell F 2	26 400	2540.—	1100.—	1260.—	180.—
Modell F 1	24 300	2400.—	1050.—	1200.—	150.—
Modell E	21 600	2100.—	920.—	1080.—	100.—
Modell C 2	17 000	1650.—	920.—	650.—	80.—

c) Greifbagger.

1. Größe E der Maschinenfabrik Menck & Hambrock.

Tabelle 55.

	Gewicht nach Tarifklasse			Anschaf-fungswert	Abzuschreiben mit		
	B	D	E		15 %	30 %	100 %
	kg	kg	kg	M.	M.	M.	M.
1 Greifbagger mit 0,8 cbm Greiferinhalt	23 000		6000	26 800.—	26 800.—		
Reserveteile dazu . . .	2 300			4 600.—			2500.—
Baggergleis		3000		1 200.—	850.—	280.—	70.—
Sonstiges Zubehör . .		2500		1 800.—		1200.—	600.—
	25 300	5500	6000	34 400.—	27 650.—	1480.—	3170.—

2. Größe C 1 der Maschinenfabrik Menck & Hambrock.

Tabelle 56.

	Gewicht nach Tarifklasse			Anschaffungswert	Abzuschreiben mit		
	B	D	E		15 %	30 %	100 %
	kg	kg	kg	M.	M.	M.	M.
1 Greifbagger mit 0,4 cbm Greiferinhalt	13 000		3000	15 000.—	15 000.—		
Reserveteile dazu . .	1 300			2 600.—			1500.—
Baggergleis		2600		1 100.—	700.—	300.—	100.—
Sonstiges Zubehör . .		2000		1 500.—		1000.—	500.—
	14 300	4600	3000	20 200.—	15 700.—	1300.—	2100.—

Auch bei Tab. 55 und 56 wurde die Annahme zugrunde gelegt, daß das Baggergleis aus 3 Stück fest montierten Rosten besteht.

Ist dies nicht der Fall und sollte ausnahmsweise einmal aus irgendwelchen Gründen ein langes Baggergleis erforderlich sein, so sind für das Baggergleis pro 100 m Gleislänge folgende Werte einzusetzen:

Tabelle 57.

	Gewicht nach Tarifklasse D	Anschaffungswert	Abzuschreiben mit		
			15 %	30 %	100 %
	kg	M.	M.	M.	M.
100 m durchlaufendes Gleis für Greifbagger, Größe E	20 800	2000.—	820.—	1080.—	100.—
Größe C 1	12 400	1300.—	820.—	400.—	80.—

In den folgenden Tabellen sind aus Zweckmäßigkeitsgründen bei den Gewichten sowohl, als auch bei den Anschaffungswerten die Beträge für das Gerät selbst, sowie einen vollständigen Satz Reserveteile in einen Wert zusammengezogen.

2. Fahrpark.

a) Wagen.

1. Blechmuldenkipper.

Tabelle 58.

	Gewicht nach Tarifklasse D	Anschaffungswert	Abzuschreiben mit	
			20 %	100 %
	kg	M.	M.	M.
600 mm Spurweite				
³/₄ cbm Wagen samt Ersatzteilen 1 Stck.	370	132.—	120.—	30.—
³/₄ „ Bremswagen samt Ersatzteilen 1 „	410	150.—	135.—	35.—
1 „ Wagen samt Ersatzteilen 1 „	600	240.—	200.—	50.—
1 „ Bremswagen samt Ersatzteilen 1 „	650	245.—	220.—	55.—
750 mm Spurweite				
³/₄ cbm Wagen samt Ersatzteilen 1 „	425	155.—	140.—	35.—
³/₄ „ Bremswagen samt Ersatzteilen 1 „	460	175.—	155.—	40.—
1 „ Wagen samt Ersatzteilen 1 „	650	245.—	220.—	55.—
1 „ Bremswagen samt Ersatzteilen 1 „	700	265.—	235.—	60.—
1¹/₂ „ Wagen samt Ersatzteilen 1 „	950	360.—	320.—	80.—
1¹/₂ „ Bremswagen samt Ersatzteilen 1 „	1050	400.—	350.—	90.—
900 mm Spurweite				
2 cbm Wagen samt Ersatzteilen 1 „	1300	520.—	450.—	110.—
2 „ Bremswagen samt Ersatzteilen 1 „	1400	580.—	500.—	125.—

2. Holzkastenkipper.
Tabelle 59.

		Gewicht nach Tarifklasse D	Anschaffungswert	Abzuschreiben mit	
				25 %	100 %
		kg	M.	M.	M.
600 mm Spurweite					
1¹/₄ cbm Wagen samt Ersatzteilen	1 Stck.	800	195.—	170.—	55.—
1¹/₄ „ Bremswagen samt Ersatzteilen	1 „	1 000	250.—	220.—	70.—
1¹/₂ „ Wagen samt Ersatzteilen	1 „	1 000	250.—	220.—	70.—
1¹/₂ „ Bremswagen samt Ersatzteilen	1 „	1 200	315.—	275.—	90.—
750 mm Spurweite					
1¹/₂ cbm Wagen samt Ersatzteilen	1 „	1 100	275.—	240.—	80.—
1¹/₂ „ Bremswagen samt Ersatzteilen	1 „	1 350	345.—	300.—	100.—
2 „ Wagen samt Ersatzteilen	1 „	1 300	335.—	290.—	100.—
2 „ Bremswagen samt Ersatzteilen	1 „	1 600	400.—	350.—	115.—
900 mm Spurweite					
2 cbm Wagen samt Ersatzteilen	1 „	1 800	485.—	420.—	140.—
2 „ Bremswagen samt Ersatzteilen	1 „	2 100	550.—	480.—	160.—
2¹/₂ „ Wagen samt Ersatzteilen	1 „	1 950	575.—	500.—	165.—
2¹/₂ „ Bremswagen samt Ersatzteilen	1 „	2 200	645.—	560.—	185.—
3 „ Wagen samt Ersatzteilen	1 „	2 100	645.—	560.—	185.—
3 „ Bremswagen samt Ersatzteilen	1 „	2 400	720.—	625.—	205.—
4 „ Wagen samt Ersatzteilen	1 „	2 400	800.—	700.—	230.—
4 „ Bremswagen samt Ersatzteilen	1 „	2 700	885.—	770.—	250.—

b) Lokomotiven.
Tabelle 60.

		Gewicht nach Tarifklasse B	Anschaffungswert	Abzuschreiben mit	
				15 %	100 %
		kg	M.	M.	M.
600 mm Spurweite					
35 PS nebst Reserveteilen u. allem Zubehör	1 Stck.	5 700	6 600.—	6 000.—	480.—
45 „ „ „ „ „ „	1 „	6 800	7 500.—	6 800.—	540.—
55 „ „ „ „ „ „	1 „	7 400	8 250.—	7 500.—	600.—
750 mm Spurweite					
45 PS nebst Reserveteilen u. allem Zubehör	1 Stck.	6 900	7 750.—	7 000.—	560.—
55 „ „ „ „ „ „	1 „	7 600	8 800.—	8 000.—	640.—
70 „ „ „ „ „ „	1 „	9 900	10 100.—	9 200.—	740.—
900 mm Spurweite					
100 PS nebst Reserveteilen u. allem Zubehör	1 Stck.	12 300	11 600.—	10 500.—	840.—
140 „ „ „ „ „ „	1 „	14 300	14 300.—	13 000.—	1040.—
160 „ „ „ „ „ „	1 „	15 200	15 000.—	13 700.—	1100.—
200 „ „ „ „ „ „	1 „	17 900	16 500.—	15 000.—	1200.—

3. Gleismaterial.

Die Baggergleise wurden jeweils bei den zugehörigen Baggern mit aufgenommen, so daß an dieser Stelle nur noch die Fahrgleise usw. in Betracht kommen.

    Auslagen für Beschaffung der Geräte.

a) Durchgehende Gleise.

Tabelle 61.

	Gewicht nach Tarifklasse		An-schaffungs-wert	Abzuschreiben mit		
	D	E		8 %	30 %	100 %
	kg	kg	M.	M.	M.	M.
100 m Rahmengleis 600 mm Spur fertig montiert einschl. Laschen und Bolzen	1500		330.—	250.—	50.—	30.—
100 m Gleis aus Schienen von 12 kg/m Gewicht auf Holzschwellen 120 cm lang und 12 cm hoch montiert, einschl. Laschen, Bolzen, Schienennägel und den zur Unterhaltung erforderlichen Werkzeugen	2500	1700	450.—	300.—	120.—	30.—
100 m Gleis wie vor, jedoch aus Schienen von 14 kg/m Gewicht auf Holzschwellen 130 cm lang	2900	2000	525.—	350.—	140.—	35.—
100 m Gleis wie vor, jedoch aus Schienen von 20 kg/m Gewicht auf Holzschwellen 150 cm lang und 13 cm hoch .	4200	2800	725.—	500.—	180.—	45.—
100 m Gleis wie vor, jedoch aus Schienen von 25 kg/m Gewicht auf Holzschwellen 160 cm lang	5400	3000	875.—	625.—	200.—	50.—
100 m Gleis wie vor, aus Schienen von 25 kg/m Gewicht, jedoch auf Holzschwellen 170 cm lang und 14 cm hoch	5400	4000	900.—	625.—	220.—	55.—
100 m Gleis wie vor, jedoch aus Schienen von 33 kg/m Gewicht auf Holzschwellen 180 cm lang	7200	4200	1100.—	800.—	240.—	60.—

b) Weichen und Drehscheiben.

Tabelle 62.

	Gewicht nach Tarifklasse		An-schaffungs-wert	Abzuschreiben mit		
	D	E		12 %	30 %	100 %
	kg	kg	M.	M.	M.	M.
Weichen Rahmengleisweichen 600 mm Spur fertig montiert, einschl. Laschen und Bolzen 1 Stck.	200		65.—	50.—	10.—	5.—
Weiche aus Schienen von 12 kg/m Gewicht auf Holzschwellen montiert, bestehend aus Anschlagschienen, Zungen, Herzstück, Fangschienen und Weichenbock einschl. Laschen, Bolzen, Schienennägel und den zur Unterhaltung erforderlichen Werkzeugen 1 Stck.	300	300	95.—	70.—	20.—	5.—
Weiche wie vor, jedoch aus Schienen von 14 kg/m Gewicht . . . 1 Stck.	350	300	100.—	75.—	20.—	5.—
Weiche wie vor, jedoch aus Schienen von 20 kg/m Gewicht . . . 1 Stck.	500	500	150.—	117.—	25.—	8.—
Weiche wie vor, jedoch aus Schienen von 25 kg/m Gewicht . . . 1 Stck.	750	500 1000	200.— 225.—	150.—	40.— 60.—	10.— 15.—
Weiche wie vor, jedoch aus Schienen von 33 kg/m Gewicht . . . 1 Stck.	1000	1000	275.—	200.—	60.—	15.—

Tabelle 62. (Fortsetzung.)

	Gewicht nach Tarifklasse		Anschaffungswert	Abzuschreiben mit		
	D	E		12 %	30 %	100 %
	kg	kg	M.	M.	M.	M.
Drehscheiben						
Einbaudrehscheiben für Rahmengleis von 600 mm Spurweite . . . . 1 Stck.	180		75.—		60.—	15.—
Kletterdrehscheibe für 600 mm Spurweite . . . . 1 Stck.	200		200.—		160.—	40.—
Kletterdrehscheibe für 750 mm Spurweite . . . . 1 Stck.						
Drehschlitten aus Schienen						
von 12 kg/m . . . . 1 Stck.	30		40.—		30.—	10.—
„ 14 „ . . . . 1 „	35		45.—		35.—	10.—
„ 20 „ . . . . 1 „	70		85.—		70.—	15.—
„ 25 „ . . . . 1 „	100		125.—		100.—	25.—
„ 33 „ . . . . 1 „	150		175.—		140.—	35.—

4. Sonstiges.

a) Antriebsmaschinen.

Lokomobilen. Bei den im Tiefbau verwendeten fahrbaren Lokomobilen, insbesondere jenen, die nicht dauernd in Betrieb und einem häufigen Wechsel des Standortes unterworfen sind, hat die Anwendung des Heißdampfes bisher bei weitem nicht die Verbreitung gefunden, die man im Interesse der größeren Wirtschaftlichkeit wünschen möchte.

Diesem Umstande mußte in der folgenden Tabelle Rechnung getragen werden, und es wurden deshalb für die kleineren Maschinen neben den Angaben für Heißdampf auch diejenigen für Sattdampf gemacht, während für die größeren Typen eine Beschränkung auf die Heißdampf-Verbund-Lokomobilen, und zwar mit Einspritzkondensation, erfolgen konnte.

Letztere Bauart findet vornehmlich Verwendung bei Aufstellung elektrischer Zentralen und dergleichen.

Tabelle 63.

		Gewicht nach Tarifklasse B	Anschaffungswert	Abzuschreiben mit	
				10 %	100 %
		kg	M.	M.	M.
Fahrbare Sattdampf-Einzylinder-Lokomobile von Heinrich Lanz, Mannheim, nebst Reserveteilen und allem Zubehör					
	11 PS 1 Stck.	3 500	6 000.—	5 750.—	250.—
	13 „ 1 „	4 000	6 600.—	6 300.—	300.—
	15 „ 1 „	4 300	7 150.—	6 800.—	350.—
mit einer	17 „ 1 „	4 450	7 900.—	7 500.—	400.—
Normalleistung	20 „ 1 „	5 000	8 420.—	8 000.—	420.—
von	24 „ 1 „	5 500	9 150.—	8 700.—	450.—
	28 „ 1 „	6 300	10 000.—	9 500.—	500.—
	34 „ 1 „	7 000	11 500.—	10 900.—	600.—
	40 „ 1 „	8 000	13 000.—	12 200.—	800.—
	50 „ 1 „	10 400	15 600.—	14 700.—	900.—

Tabelle 63. (Fortsetzung.)

	Gewicht nach Tarifklasse B kg	Anschaffungswert M.	Abzuschreiben mit	
			10 % M.	100 % M.
Fahrbare Patent-Heißdampf-Einzylinder-Lokomobile von Heinrich Lanz, Mannheim, nebst Reserveteilen und allem Zubehör				
17 PS　1 Stck.	4 700	8 360.—	7 945.—	415.—
20 „　1 „	5 250	9 260.—	8 800.—	460.—
mit einer　24 „　1 „	5 800	9 960.—	9 460.—	500.—
Normalleistung　28 „　1 „	6 600	11 100.—	10 500.—	600.—
von　34 „　1 „	7 350	12 900.—	12 100.—	800.—
40 „　1 „	8 400	14 350.—	13 475.—	875.—
50 „　1 „	10 800	17 400.—	16 400.—	1 000.—
Fahrbare Patent-Heißdampf-Verbund-Lokomobile mit Einspritzkondensation von Heinrich Lanz, Mannheim, nebst Reserveteilen und allem Zubehör				
mit einer　68 PS　1 Stck.	13 000	24 500.—	23 000.—	1500.—
Normalleistung　100 „　1 „	18 000	29 000.—	27 000.—	2000.—
von　120 „　1 „	21 000	33 500.—	30 900.—	2600.—
150 „　1 „	25 000	38 500.—	35 500.—	3000.—

Elektromotoren. Nachdem für die Überlandversorgung hauptsächlich Drehstrom in Frage kommt, werden in Tabelle 64 die wichtigsten Typen für diese Stromart aufgeführt.

Tabelle 64.

	Gewicht nach Tarifklasse B kg	Anschaffungswert M.	Abzuschreiben mit	
			8 % M.	100 % M.
Drehstrommotor 115—500 Volt und 1000 Umdrehungen mit Schleifringanker, Bürstenabhebevorrichtung, Spannschienen, Ölanlasser und allem sonstigen Zubehör				
von 5 PS Leistung　1 Stck.	260	700.—	700.—	35.—
„ 7½ „　„　1 „	330	825.—	825.—	42.—
„ 10 „　„　1 „	400	950.—	950.—	48.—
„ 15 „　„　1 „	490	1075.—	1075.—	54.—
„ 20 „　„　1 „	580	1300.—	1300.—	65.—
„ 30 „　„　1 „	700	1550.—	1550.—	78.—
„ 40 „　„　1 „	820	1900.—	1900.—	95.—
„ 50 „　„　1 „	960	2150.—	2150.—	108.—
„ 60 „　„　1 „	1120	2350.—	2350.—	118.—
„ 75 „　„　1 „	1320	2700.—	2700.—	135.—
„ 100 „　„　1 „	1620	3400.—	3400.—	170.—
„ 125 „　„　1 „	2050	4400.—	4400.—	220.—

Benzolmotoren.

Tabelle 65.

	Gewicht nach Tarifklasse B kg	Anschaffungswert M.	Abzuschreiben mit	
			20 % M.	100 % M.
Benzolmotor nebst Reserveteilen und allem Zubehör　von 4 PS Leistung 1 Stck.	480	1320.—	1200.—	120.—
„ 6 „　„　1 „	560	1540.—	1400.—	140.—
„ 8 „　„　1 „	680	1815.—	1650.—	165.—
„ 20 „　„　1 „	2200	5000.—	4600.—	400.—

b) Versorgung der Baustelle mit Wasser.
1. Pumpen.

Tabelle 66.

	Gewicht nach Tarif-klasse B	An-schaffungs-wert	Abzuschreiben mit	
			10 %	100 %
	kg	M.	M.	M.
Für Handbetrieb:				
Vierfach wirkende Flügelpumpe samt				
Saugkorb mit Fußventil				
(Saughöhe + Druckhöhe bis 20 m)				
stündl. Leistg. 1,5—2,5 cbm 1 Stck.	18	40.—	35.—	5.—
„ „ 2 —4 „ 1 „	25	50.—	44.—	6.—
„ „ 2,5—5,5 „ 1 „	32	60.—	54.—	6.—
„ „ 3 —7 „ 1 „	40	80.—	72.—	8.—
Für Kraftbetrieb:				
Bis 50 m Druckhöhe:				
Einfach wirkende Plungerpumpe samt				
Saugkorb mit Fußventil				
stündl. Leistung 1,5 cbm 1 Stck.	140	240.—	220.—	20.—
„ „ 3,0 „ 1 „	190	300.—	265.—	35.—
„ „ 5,4 „ 1 „	270	360.—	315.—	45.—
„ „ 7,4 „ 1 „	400	435.—	375.—	60.—
Desgl. dopp. wirkende Plungerpumpe				
stündl. Leistung 10,0 cbm 1 Stck.	480	550.—	480.—	70.—
„ „ 12,0 „ 1 „	550	625.—	545.—	80.—
„ „ 14,8 „ 1 „	730	765.—	665.—	100.—
„ „ 19,5 „ 1 „	900	875.	765.—	110.—
„ „ 25,0 „ 1 „	1140	1075.—	935.—	140.
„ „ 33,0 „ 1 „	1550	1370.—	1190.—	180.—
„ „ 40,0 „ 1 „	1920	1630.—	1420.—	210.—
„ „ 48,0 „ 1 „	2050	1800.—	1570.—	230.—
„ „ 65,0 „ 1 „	3200	2600.—	2250.—	350.—
Bis 130 m Druckhöhe:				
Doppelt wirkende Plungerpumpe				
stündl. Leistung 6,0 cbm 1 Stck.	570	600.—	525.—	75.—
„ „ 10,7 „ 1 „	900	800.—	720.—	80.—
„ „ 14,0 „ 1 „	1300	1000.—	910.—	90.—
„ „ 20,0 „ 1 „	1680	1300.—	1150.—	150.—
„ „ 30,0 „ 1 „	2580	1800.—	1560.—	240.—

2. Behälter und Rohrleitungen.

Tabelle 67.

	Gewicht nach Tarif-klasse D	An-schaffungs-wert	Abzuschreiben mit	
			20 %	100 %
	kg	M.	M.	M.
Wasserbehälter				
von 1 cbm Fassungsvermögen 1 Stck.	120	40.—	40.—	
„ 2 „ „ 1 „	200	65.—	65.—	
„ 3 „ „ 1 „	320	100.—	100.—	
„ 4 „ „ 1 „	420	130.—	130.—	
„ 5 „ „ 1 „	600	180.—	180.—	
„ 8 „ „ 1 „	900	270.—	270.—	
„ 10 „ „ 1 „	1100	325.—	325.—	
„ 12 „ „ 1 „	1350	400.—	400.—	
„ 15 „ „ 1 „	1600	450.—	450.—	

Tabelle 67. (Fortsetzung.)

	Gewicht nach Tarifklasse D	Anschaffungswert	Abzuschreiben mit	
			20 %	100 %
	kg	M.	M.	M.
Wasserleitungsrohre einschl. Dichtungen usw.				
schwarze von 150 mm l. W. 100 m	1800	900.—	720.—	180.—
,, ,, 125 ,, ,, ,, 100 m	1350	750.—	600.—	150.—
,, ,, 100 ,, ,, ,, 100 m	1200	600.—	480.—	120.—
,, ,, 90 ,, ,, ,, 100 m	1050	480.—	380.—	100.—
,, ,, 80 ,, ,, ,, 100 m	880	400.—	320.—	80.—
,, ,, 70 ,, ,, ,, 100 m	800	360.—	290.—	70.—
,, ,, 60 ,, ,, ,, 100 m	700	320.—	260.—	60.—
verzinkte ,, $2^1/_2''$ l. W. 100 m	730	500.—	400.—	100.—
,, ,, $2''$,, ,, 100 m	580	365.—	290.—	75.—
,, ,, $1^1/_2''$,, ,, 100 m	415	270.—	215.—	55.—
,, ,, $1^1/_4''$,, ,, 100 m	335	215.—	170.—	45.—
,, ,, $1''$,, ,, 100 m	245	152.—	120.—	32.—
,, ,, $^3/_4''$,, ,, 100 m	180	112.—	90.—	22.—
Formstücke usw. s. S. 41.	+2%	+10—20%		

c) Werkplatzeinrichtung.

1. Baubüro.

Tabelle 68. Baubüro für eine mittlere Baustelle.

	Gewicht nach Tarifklasse E	Anschaffungswert	Abzuschreiben mit	
			20 %	100 %
	kg	M.	M.	M.
1 dreizimmerige Bürobaracke von etwa 50 qm Grundfläche	5000	1250.—	1250.—	
Büromöbel	1000	250.—	250.—	
1 Kassenschrank	300	420.—	420.—	
1 Schreibmaschine	25	400.—	400.—	
Sonstige Einrichtungsgegenstände	175	300.—		300.—
	6500	2620.—	2320.—	300.—

Tabelle 69. Baubüro für eine große Baustelle.

	Gewicht nach Tarifklasse E	Anschaffungswert	Abzuschreiben mit	
			20 %	100 %
	kg	M.	M.	M.
1 4—6 zimmerige Bürobaracke von etwa 150 qm Grundfläche	15 000	4000.—	4000.—	
Büromöbel	2 000	1000.—	1000.—	
1 großer Kassenschrank	400	600.—	600.—	
3 Schreibmaschinen	75	1200.—	1200.—	
Sonstige Einrichtungsgegenstände	525	1000.—		1000.—
	18 000	7800.—	6800.—	1000.—

2. Baumagazin. Nachdem die im Baumagazin deponierten Ersatzteile für die einzelnen Geräte jeweils schon bei dem betreffenden Geräte mit aufgeführt wurden, sind in den folgenden Tabellen nur jene Bestandteile angegeben, welche unabhängig davon in den meisten Fällen notwendig sein werden.

Tabelle 70. Magazin für eine mittlere Baustelle.

	Gewicht nach Tarifklasse		Anschaffungswert	Abzuschreiben mit	
	D	E		20 %	100 %
	kg	kg	M.	M.	M.
1 Baumagazin mit etwa 100 qm Grundfläche		10 000	2500.—	2500.—	
Meßgeräte	200		1000.—	800.—	200.—
Hebezeuge	2000		2000.—	1200.—	800.—
Monteurwerkzeug f. Wasserleitung . . .	200		500.—	400.—	100.—
Sonstige Werkzeuge	2000		2000.—		
1 Dezimalwage nebst Gewichten	40		70.—	70.—	
1 Handkarren	200		130.—	130.—	
1 Lokomotivtransporteur	3500		2000.—	2000.—	
	8140	10 000	10 200.—	7100.—	1100.—

Tabelle 71. Magazin für eine große Baustelle.

	Gewicht nach Tarifklasse		Anschaffungswert	Abzuschreiben mit	
	D	E		20 %	100 %
	kg	kg	M.	M.	M.
1 Baumagazin mit etwa 250 qm Grundfläche		25 000	5000.—	5000.—	
Meßgeräte	300		1500.—	1200.—	300.—
Hebezeuge	3000		3000.—	1800.—	1200.—
Monteurwerkzeug für Wasserleitung . . .	300		750.—	600.—	150.—
Sonstige Werkzeuge	3000		3000.—		
1 Dezimalwage nebst Gewichten	40		70.—	70.—	
2—3 Handkarren	500		350.—	350.—	
1 Lokomotivtransporteur	3500		2000.—	2000.—	
	10 640	25 000	15 670.—	11 020.—	1650.—

3. Reparaturwerkstätte. In den beiden folgenden Tabellen
sind die Antriebsmaschinen nicht mit aufgenommen, weil hiefür je nach
den örtlichen Verhältnissen Lokomobilen, Elektromotoren oder auch
Benzinmotoren in Frage kommen können.

Die Angaben für die Antriebsmaschinen sind aus den Tabellen 63—65
zu entnehmen und den Endbeträgen noch hinzuzufügen, um die Gesamtwerte zu erhalten.

Als Kraftbedarf für die einzelnen Werkzeugmaschinen kann man
annehmen:

<pre>
Drehbänke
    2000 mm Spitzenweite und 300 mm Spitzenhöhe   6   PS
    2500 ,,   ,,   ,, 350 ,,   ,,   9   ,,
    3000 ,,   ,,   ,, 450 ,,   ,,   16   ,,
Shapingmaschinen
    400 mm Hub . . . .   2,5 ,,
    500 ,,   ,, ...   3   ,,
    600 ,,   ,, ...   4   ,,
Säulenschnellbohrmaschinen
    bis 32 mm bohrend   1   PS
    ,, 40 ,,   ,, ...   1,5 ,,
    ,, 55 ,,   ,, ...   2   ,,
Wandbohrmaschine bis 40 mm bohrend . . . . .   0,6 ,,
Kaltsäge . . . .   0,5—0,75 ,,
Schmirgelbock . . . .   0,3 ,,
Schleifstein . . . .   0,2 ,,
</pre>

Ventilator
für 1—2 Schmiedefeuer . . . .   0,3 PS
  ,, 3—4   ,, ...   0,6 ,,
Luftdruckschmiedehämmer
mit 30 kg Bärgewicht   3   ,,
 ,, 50 ,,   ,, ...   5   ,,
 ., 75 ,,   ,, ...   8   ,,
 :, 100 ,,   ,, ...   10   ,,

Die Antriebsmaschine ist so kräftig zu wählen, daß sie auch noch durchzieht, wenn die sämtlichen Maschinen einmal gleichzeitig im Betrieb sind.

Nachdem der Antrieb meistens von einer Haupttransmission aus erfolgt, ist der sich aus der Addition der einzelnen Maschinen ergebende Gesamtbedarf um etwa 20% zu erhöhen, um die Stärke der Antriebsmaschine selbst zu erhalten.

Tabelle 72. Werkstätte für eine mittlere Baustelle.

	Gewicht nach Tarifklasse		An-schaffungs-wert	Abzuschreiben mit	
	B	E		20%	100 %
	kg	kg	M.	M.	M.
1 Werkstättengebäude mit etwa 150 qm Grundfläche		15 000	3500.—	3500. —	
1 Leitspindeldrehbank mit 300 mm Spitzenhöhe und 2500 mm Spitzenweite nebst Reserveteilen und allem Zubehör	3200		3850.—	3500.—	350.—
1 Shapingmaschine mit 500 mm Hub nebst Ersatzteilen u. allem Zubehör	1100		2200.—	2000.—	200.—
1 Säulenschnellbohrmaschine bis zu 40 mm bohrend mit Zweibackenbohrfutter, je einem Satz zylindrische und konische Spiralbohrer und allem sonstigen Zubehör . .	650		1300.—	1100.—	200.—
1 Kaltsäge mit 1 Dtzd. Sägeblättern und allem sonstigen Zubehör . .	100		130.—	120.—	30.—
1 Schmirgelbock mit grober und feiner Scheibe	60		100.—	100.—	20.—
1 Schleifstein	60		80.—	80.—	20.—
Transmission mit Hängelagern und Riemenscheiben	350		300.—	300.—	
Lederriemen	30		300.—	250.—	50.—
Werkbänke	300		200.—	200.—	50.—
Diverse Schraubstöcke	150		150.—	150.—	50.—
1 autogener Schweiß- und Schneideapparat mit allem Zubehör . . .	100		200.—	150.—	50.—
3 vollständige Schlosserwerkzeuge .	200		200.—	100.—	100.—
1 Dreherwerkzeug	20		30.—	15.—	15.—
1 Kesseldruckpumpe	30		100.—	100.—	
1 großes Schmiedefeuer	100		150.—	150.—	30.—
2 Ambosse komplett	500		500.—	500.—	100.—
2 vollständige Schmiedewerkzeuge .	250		250.—	125.—	125.—
1 Handbohrmaschine	175		200.—	200.—	25.—
1 Schienenbiegmaschine	250		600.—	500.—	100.—
1 Schienenbohrmaschine	50		100.—	100.—	
	7675	15 000	14 440.—	13 240.—	1515.—

Tabelle 73. Werkstätte für eine große Baustelle.

	Gewicht nach Tarifklasse		Anschaffungswert	Abzuschreiben mit	
	B	E		20%	100%
	kg	kg	M.	M.	M.
1 Werkstättengebäude mit etwa 250 qm Grundfläche		25 000	6000.—	6000.—	
1 Leitspindeldrehbank mit 300 mm Spitzenhöhe und 2000 mm Spitzenweite nebst Reserveteilen und allem Zubehör	3000		3600.—	3300.—	300.—
1 desgl. mit 450 mm Spitzenhöhe und 3000 mm Spitzenweite	8800		9000.—	8200.—	800.—
1 Shapingmaschine mit 600 mm Hub nebst Ersatzteilen und allem Zubehör	1800		3300.—	3000.—	300.—
2 Säulenschnellbohrmaschinen bis zu 40 bzw. 55 mm bohrend nebst Reserveteilen und allem sonstigen Zubehör	2000		3600.—	3200.—	800.—
Desgl. 1 Wandbohrmaschine bis 40 mm bohrend	200		400.—	350.—	100.—
1 Kaltsäge mit 1 Dtzd. Sägeblättern und allem sonstigen Zubehör	100		130.—	120.—	30.—
1 Schmirgelbock mit grober u. feiner Scheibe	60		100.—	100.—	20.—
2 Schleifsteingarnituren	120		160.—	160.—	40.—
1 Räderpresse samt Reserveteilen und allem Zubehör	4000		4200.—	4000.	200.—
Transmission mit Hängelagern und Riemenscheiben	600		500.—	500.—	
Lederriemen	60		600.—	500.—	100.—
Werkbänke	600		400.—	400.—	100.—
Diverse Schraubstöcke	300		300.—	300.—	100.—
2 autogene Schweiß- und Schneideapparate mit allem Zubehör	200		400.—	300.—	100.—
6 vollständige Schlosserwerkzeuge	400		400.—	200.—	200.—
3 vollständige Dreherwerkzeuge	60		90.—	45.—	45.—
2 Kesseldruckpumpen	60		200.—	200.—	
2 große Schmiedefeuer mit Ventilator	300		500.—	500.—	100.—
1 Luftdruckschmiedehammer mit 75 kg Bärgewicht nebst allem Zubehör	4000		3300.—	3000.—	300.—
3 Ambosse komplett	800		800.—	800.—	150.—
6 vollständige Schmiedewerkzeuge	750		750.—	375.—	375.—
1 Richtplatte	50		100.—	100.—	
1 Handbohrmaschine	175		200.—	200.—	25.—
Lokomotivhebeböcke	2000		1500.—	1500.—	
1 Schienenbiegemaschine	250		600.—	500.—	100.—
1 Schienenbohrmaschine	50		100.—	100.—	
	30 735	25 000	41 230.—	37 950.—	4285.—

4. Stellmacherei. Die allgemeinen Bemerkungen für die Reparaturwerkstätte gelten sinngemäß auch für die Stellmacherei.

Als Kraftbedarf für die Holzbearbeitungsmaschinen kann man annehmen:

Bandsägen
  mit 700 mm Rollendurchmesser und 450 mm Schnitthöhe   1 PS
  „ 800 „   „   „ 500 „   „   1,5 „
  „ 900 „   „   „ 550 „   „   2 .,
Kreissägen
  mit 700 mm Sägeblattdurchmesser . . . . 4 PS
  „ 800 „   „   . . . . 5 „
  „ 900 „   „   . . . . 6 „
  „ 1000 „   „   . . . . 7 „

Tabelle 74. Stellmacherei für eine mittlere Baustelle.

	Gewicht nach Tarifklasse		Anschaffungswert	Abzuschreiben mit	
	B	E		20 %	100 %
	kg	kg	M.	M.	M.
Offene Halle mit Schmiede, etwa 100 qm groß		8000	1500.—	1500.—	
1 Bandsäge nebst allem Zubehör .	800		1200.—	1000.—	200.—
1 Feldschmiede	75		60.—	60.—	
1 Amboß komplett	200		200.—	200.—	40.—
1 Handbohrmaschine	175		200.—	200.—	25.—
2 vollständige Schmiedewerkzeuge .	250		250.—	125.—	125.—
	1500	8000	3410.—	3085.—	390.—

Tabelle 75. Stellmacherei für eine große Baustelle.

	Gewicht nach Tarifklasse		Anschaffungswert	Abzuschreiben mit	
	B	E		20 %	100 %
	kg	kg	M.	M.	M.
Offene Halle mit Schmiede, etwa 250 qm groß		20 000	3000.—	3000.—	
1 Bandsäge nebst Zubehör	1000		1500.—	1250.—	250.—
1 Kreissäge nebst Zubehör	1000		1500.—	1250.—	250.—
1 Bohrmaschine nebst Zubehör . .	650		1300.—	1100.—	200.—
2 Schmiedefeuer	150		120.—	120.—	
2 Ambosse komplett	450		450.—	450.—	100.—
1 Handbohrmaschine	175		200.—	200.—	25.—
4 vollständige Schmiedewerkzeuge .	500		500.—	250.—	250.—
1 Werkbank mit Schraubstock . .	200		150.—	100.—	50.—
	4125	20 000	8720.—	7720.—	1125.—

5. Lokomotivschuppen.

Tabelle 76.

	Gewicht nach Tarifklasse		Anschaffungswert	Abzuschreiben mit	
	B	E		25 %	100 %
	kg	kg	M.	M.	M.
Schuppen für 4 Lokomotiven mit etwa 150 qm Grundfläche einschl. Werkbank, Schraubstock u. Werkzeug .	250	15 000	4000.—	3500.—	500.—
Desgl. für 6 Lokomotiven mit etwa 240 qm Grundfläche	250	20 000	5000.—	4500.—	750.—
Desgl. für 9 Lokomotiven mit etwa 350 qm Grundfläche	250	30 000	6500.—	6000.—	1000.—

d) Wohlfahrtseinrichtungen.

1. Kantinen.

Tabelle 77.

	Gewicht nach Tarifklasse E kg	Anschaffungswert M.	Abzuschreiben mit	
			25 % M.	100 % M.
1 Kantine mit etwa 120 qm Grundfläche einschl. aller Nebenräume	12 000	3000.—	3000.—	
Inneneinrichtung	3 000	1200.—		600.—
Kochherd und Öfen	200	150.—		50.—
	15 200	4350.—	3000.—	650.—
1 Kantine mit etwa 300 qm Grundfläche einschl. aller Nebenräume	30 000	8000.—	8000 —	
Inneneinrichtung	6 000	3000.—		1500.—
Kochherd und Öfen	500	400.—		150.—
	36 500	11 400.—	8000.—	1650.—

2. Wohn- und Schlafbaracken.

Tabelle 78.

	Gewicht nach Tarifklasse E kg	Anschaffungswert M.	Abzuschreiben mit	
			25 % M.	100 % M.
1 Wohn- und Schlafbaracke für 30 Mann mit etwa 120 qm Grundfläche einschl. Nebenräumen	12 000	3000.—	3000.—	
Inneneinrichtung	5 000	2000.—		1000.—
Wäsche	500	1000.—		500.—
	17 500	6000.—	3000.—	1500.—
1 Wohn- und Schlafbaracke für 75 Mann mit etwa 300 qm Grundfläche einschl. Nebenräumen	30 000	7500.—	7500.—	
Inneneinrichtung	12 000	5000.—		2500.—
Wäsche	1 500	3000.—		1500.—
	43 500	15 500.—	7500.—	4000.—

Die Abschreibungssätze gelten, wie schon oben erwähnt wurde jeweils pro Jahr bei täglich bis 12 Stunden Arbeitszeit.

Beträgt die tägliche Arbeitszeit 16 Stunden, so daß eine zweite Mannschaft für die Maschinen erforderlich wird, so erhöhen sich die Sätze der Tabellen 39—60 und 63—66 um 50%, jene der Tabellen 61 und 62 aber um 33% und wird ununterbrochen Tag und Nacht durchgearbeitet, so sind die Abschreibungsquoten bei allen dafür in Betracht kommenden Maschinen und Geräten usw. zu verdoppeln.

Die Verzinsung der Geräte wird durch die Länge der täglichen Arbeitszeit selbstverständlich nicht berührt.

C. Frachten.

Bei der Eingruppierung der Gewichte in die einzelnen Tarifklassen wurde von der Annahme ausgegangen, daß es sich ausschließlich um die

Beförderung gebrauchter Maschinen und Geräte usw. von Unternehmung zu Unternehmung handelt, und daß sich eine Ausscheidung der kleineren nach anderen Klassen tarifierten Güter wegen ihrer Geringfügigkeit nicht verlohnt.

Trifft dies nicht zu und ist insbesondere viel neues Material zu transportieren, so kommen, um nur die Hauptunterschiede zu erwähnen, für neue Maschinen, Werkzeuge und Kleineisenzeug aller Art an Stelle der Tarifklassen B bzw. D die Tarifklasse A und für Rahmengleis, Weichen, Drehscheiben, Rollwagen, Wasserbehälter und Baracken an Stelle der Tarifklassen D bzw. E die Tarifklasse C in Frage. Im übrigen muß für diesen Fall auf den deutschen Eisenbahn-Gütertarif, Teil I, Abt. B, verwiesen werden.

Die Frachtsätze für die einzelnen Tarifklassen sind aus dem Reichsbahn-Gütertarif, Heft C I a, „Frachtsatzzeiger für die regelrechten Tarifklassen" zu entnehmen, der nach dem Stand vom 1. Oktober 1924 in Tabelle 79 auszugsweise wiedergegeben ist.

Die Werte für die Zwischenentfernungen können durch einfache Interpolation und Auf- bzw. Abrundung auf volle Goldpfennige hinreichend genau bestimmt werden.

Die Fracht wird nach kg berechnet; bei Wagenladungen wird das Gewicht von 100 zu 100 kg aufgerundet. Bei Beförderung von Gütern in gedeckten Wagen wird das Gewicht für die Frachtberechnung um 10% erhöht.

Die in Tabelle 79 angegebenen Sätze für die Klassen A—F werden nur angewendet bei Frachtzahlung für mindestens 15 t, es sei denn, daß die Eisenbahn einen Wagen mit nur 10 oder 12,5 t Ladegewicht zur Verfügung stellt. In diesem Falle werden schon bei 10 bzw. 12,5 t die Sätze der Hauptklassen A—F berechnet.

Werden die Wagen nicht voll ausgeladen, so treten an Stelle der Hauptklassen, die mit den Beiwerten 10 bzw. 5 bezeichneten Nebenklassen, für welche die Frachtsätze ermittelt werden können aus folgenden Angaben mit Auf- bzw. Abrundung auf volle Goldpfennige.

$$
\begin{array}{lll}
\text{Nebenklasse A 10} &=& \text{Hauptklasse A} + 10\% \\
\text{,, A 5} &=& \text{,, A} + 20\% \\
\text{,, B 10} &=& \text{,, B} + 10\% \\
\text{,, B 5} &=& \text{,, B} + 20\% \\
\text{,, C 10} &=& \text{,, C} + 15\% \\
\text{,, C 5} &=& \text{,, C} + 30\% \\
\text{,, D 10} &=& \text{,, D} + 20\% \\
\text{,, D 5} &=& \text{,, D} + 40\% \\
\text{,, E 10} &=& \text{,, E} + 25\% \\
\text{,, E 5} &=& \text{,, E} + 50\% \\
\text{,, F 10} &=& \text{,, F} + 30\% \\
\end{array}
$$

Dabei ist die Bestimmung getroffen, daß jeweils die geringste Fracht zu gelten hat, d. h. wenn z. B. das Mindestgewicht zum nächstniedrigeren Tarifsatz der gleichen Klasse gerechnet einen kleineren Betrag ergibt wie das wirkliche Gewicht zum Satz der einschlägigen Nebenklasse, so ist der erstere Betrag maßgebend.

Tabelle 79.

Frachtsätze in Goldpfennig für 100 kg							Frachtsätze in Goldpfennig für 100 kg						
Auf eine Entfernung von km	Wagenladungen der Klasse						Auf eine Entfernung von km	Wagenladungen der Klasse					
	A	B	C	D	E	F		A	B	C	D	E	F
5	26	25	22	17	14	11	220	257	217	179	141	89	66
10	32	30	26	20	16	13	240	275	233	192	151	95	70
15	37	34	30	23	18	14	260	294	248	204	161	100	75
20	43	39	34	26	19	15	280	312	264	217	171	106	79
25	49	44	38	30	21	17	300	331	279	229	181	112	83
30	55	49	41	33	23	18	320	347	292	240	190	117	87
35	60	54	45	36	25	19	340	363	306	251	199	122	91
40	66	58	49	39	27	21	360	379	319	261	207	128	94
45	72	63	53	42	29	22	380	395	333	272	216	133	98
50	78	68	57	45	31	24	400	411	346	283	225	138	102
55	83	73	61	48	32	25	420	425	358	292	232	142	105
60	89	78	65	51	34	26	440	439	369	302	240	147	108
65	95	82	69	54	36	28	460	452	381	311	247	151	112
70	101	87	73	57	38	29	480	466	392	321	255	156	115
75	106	92	77	61	40	30	500	480	404	330	262	160	118
80	112	97	80	64	42	32	550	509	428	350	278	170	125
85	118	102	84	67	43	33	600	538	452	369	293	179	132
90	124	106	88	70	45	34	650	561	471	385	306	186	137
95	129	111	92	73	47	36	700	584	490	400	318	193	142
100	135	116	96	76	49	37	750	601	505	412	327	199	146
110	145	125	103	82	52	40	800	618	519	424	336	204	150
120	156	133	110	87	56	42	850	630	529	432	343	208	153
130	166	142	117	93	59	45	900	641	538	439	349	212	156
140	176	150	124	98	63	47	950	647	543	443	352	214	158
150	187	159	132	104	66	50	1000	653	548	447	355	216	159
160	197	168	139	109	69	52	1100	665	558	455	361	220	162
170	207	176	146	115	73	55	1200	677	568	463	367	224	165
180	217	185	153	120	76	57	1300	689	578	471	373	228	168
190	228	193	160	126	80	60	1400	701	588	479	379	232	171
200	238	202	167	131	83	62	1500	713	598	487	385	236	174

1. Beispiel: Berechnung der Fracht für 14 000 kg der Tarifklasse A auf 100 km Entfernung.

1. Zugrundelegung der Hauptklasse:
$$150 \cdot 135 = 202,50 \text{ M.}$$

2. Zugrundelegung der Nebenklasse A 10:
$$\text{Frachtsatz für A 10} = 135 + 10\% = 149$$
$$140 \cdot 149 = 208,60 \text{ M.}$$

Der sich nach der zweiten Berechnungsart ergebende Betrag ist höher als der sich unter Zugrundelegung des größeren Mindestgewichts für die Hauptklasse errechnende, und es ist deshalb letzterer mit 202,50 M. zu nehmen.

2. Beispiel: Berechnung der Fracht für 7800 kg der Tarifklasse C auf 200 km Entfernung.

1. Zugrundelegung der Nebenklasse C 10:
$$\text{Frachtsatz für C 10} = 167 + 15\% = 192$$
$$100 \cdot 192 = 192,00 \text{ M.}$$

2. Zugrundelegung der Nebenklasse C 5:
$$\text{Frachtsatz für C 5} = 167 + 30\% = 217$$
$$78 \cdot 217 = 169,26 \text{ M.} = \infty 169,30 \text{ M.}$$

Bei diesem Beispiel ist der sich aus der zweiten Berechnungsart ergebende Betrag der niedrigere und infolgedessen er der gültige.

Ganz allgemein ergibt sich aus den prozentualen Zuschlägen für die Nebenklassen, daß zur Ermittlung des geringsten Frachtbetrages bei gleich tarifierten Gütern die in den beiden Beispielen durchgeführten Doppelberechnungen gespart werden können, wenn man sich folgender Tabelle 80 bedient:

Tabelle 80.

Tarif-klasse	Für die Ermittlung des geringstmöglichen Frachtbetrages ist zugrunde zu legen der Satz der		
	Hauptklasse bei einem Gewicht von mindestens kg	Nebenklasse 10 bei einem Gewicht von mindestens kg	Nebenklasse 5 bei einem Gewicht bis zu kg
A	13 601	9101	9100
B	13 601	9101	9100
C	13 001	8801	8800
D	12 501	8501	8500
E	12 001	8301	8300
F	11 501		

Bei Wagenladungen aus ungleich tarifierten Gütern, wie solche im Baubetrieb häufig vorkommen, ist darauf zu achten, daß das Gewicht im Frachtbrief stets getrennt angegeben wird, weil sonst für die ganze nicht ausgeschiedene Ladung der Frachtsatz für das am höchsten tarifierte Gut der Sendung zugrunde gelegt wird.

Die Berechnung der Fracht geschieht in diesem Falle wie folgt:

bei Sendungen bis zu 9000 kg Gesamtgewicht werden für die einzelnen Gewichte die Sätze der Nebenklasse 5 berechnet;

bei Sendungen von 9100—13500 kg Gesamtgewicht werden für die einzelnen Gewichte die Sätze der Nebenklasse 10 berechnet und bei Sendungen von 13 600 kg und mehr Gesamtgewicht werden für die einzelnen Gewichte die Sätze der Hauptklassen berechnet.

Beträgt das Ladegewicht des Wagens nur 10 oder 12,5 t, so werden die Sätze der Hauptklassen bereits angewendet, wenn die Summe der einzelnen auf 100 kg abgerundeten Gewichte das jeweilige Ladegewicht erreicht.

Bleibt bei Sendungen aus ungleich tarifierten Gütern die Summe der abgerundeten Einzelgewichte unter 5000 kg, so wird das an 5000 kg fehlende Gewicht dem auf volle 100 kg nach oben abgerundeten Gewicht des Gutes zugeschlagen, das dem Gewichte nach überwiegt, bei gleichen Gewichten demjenigen des höchsttarifierten Gutes.

Die in Frage kommende Anzahl der Gütertarifkilometer läßt man sich am besten von der Eisenbahnstation angeben.

Für überschlägige Berechnungen können an Stelle der Gütertarifkilometer die aus dem Eisenbahnkursbuch zu entnehmenden Entfernungen treten, sofern es sich um Transporte mit der Reichsbahn handelt.

Kommen hingegen für die Transporte auch Privatbahnen in Betracht, so ist vor einem solchen Verfahren dringend zu warnen, weil hier Gütertarifkilometer und Kursbuchentfernung häufig sehr erheblich von einander abweichen.

IV. Auslagen für Instandhaltung der Geräte.

Bei den Auslagen für Instandhaltung der Geräte ist zu unterscheiden zwischen den laufenden Reparaturen und der Überholung der Geräte nach beendeter Arbeit.

Erstere werden im Interesse eines ungestörten Arbeitsfortganges sich in den meisten Fällen auf das allernotwendigste Maß beschränken müssen, während für letztere bei einer ordentlichen Geschäftsführung eine möglichst gründliche Arbeit unbedingtes Erfordernis ist.

Die Kosten für laufende Reparaturen sowohl als auch für die sog. Schlußreparatur zerfallen in den Materialaufwand und den Aufwand für den Betrieb der Werkstätte bzw. Stellmacherei.

Der Materialaufwand wird sehr verschieden sein, je nach dem Umfang, in welchem die Geräte beansprucht wurden. Er wird z. B. bei Lokomotiven verhältnismäßig gering sein, wenn dieselben bei guter Gleislage und wenig Steigungen nur 8—12 Stunden täglich Dienst machen, und kann recht bedeutend werden, wenn die gleichen Maschinen ununterbrochen Tag und Nacht in Betrieb sind und große Steigungen zu überwinden haben.

Der sich erfahrungsgemäß bei etwa 3000 Betriebsstunden pro Jahr ergebende Aufwand für Ersatzteile u. dgl. wurde in den einzelnen Tabellen des III. Abschnitts erfaßt und mit 100% abgeschrieben, so daß dafür an dieser Stelle nichts mehr zu berechnen ist.

Diese Beträge sind, wie oben angegeben, bei 16 stündiger Arbeitszeit zu erhöhen um 50% und bei 24 stündigem Betrieb um 100% und werden in der Mehrzahl aller Fälle ausreichen, um die anfallenden Material-beschaffungskosten zu decken.

Der Aufwand für den Betrieb der Werkstätte bzw. Stellmacherei setzt sich zusammen aus den Löhnen und den Ausgaben für Betriebs-stoff aller Art (Kohlen, Öl, Karbid, Sauerstoff, Wasserstoff u. dgl. m.).

Während die Löhne noch einigermaßen genau berechnet werden können und auch der Kohlenverbrauch (bzw. evtl. Verbrauch an elek-trischem Strom) einer ausreichenden Schätzung keine besonderen Schwie-rigkeiten bereitet, ist es geradezu ein Ding der Unmöglichkeit, die Aus-lagen für die übrigen Betriebsstoffe rechnerisch zu ermitteln. Anderer-seits sind dieselben aber bei Arbeiten, welche einen großen Gerätepark erfordern, doch zu bedeutend, als daß sie ganz außer acht gelassen wer-den könnten, und es empfiehlt sich deshalb, sie in der Weise zu berück-sichtigen, daß man den Aufwand für die Löhne erhöht um etwa 20%.

Die Ausgaben für Arbeitslöhne hängen ab von der Anzahl der in Werkstätte und Stellmacherei beschäftigten Leute, und diese wiederum richtet sich nach dem Umfang des in Betrieb befindlichen Geräteparkes und der täglichen Arbeitszeit auf der Baustelle und in der Werkstätte.

Für eine angemessene Besetzung der Werkstätte und Stellmacherei können folgende Angaben als Anhalt dienen, wobei zu bemerken ist, daß bei den laufenden Reparaturen hinsichtlich der Größe der einzelnen Geräte kein Unterschied gemacht und der dadurch bei den kleineren Typen eintretende Überschuß bei der Festsetzung der Ver-brauchszahlen für die Schlußreparatur berücksichtigt wurde.

A. Laufende Reparaturen.

1. Eimerbagger.

Die sich häufiger wiederholenden kleineren Reparaturen werden vom Baggerpersonal selbst ausgeführt und bedürfen daher keiner be-sonderen Berücksichtigung mehr.

Größere Störungen, zu deren Behebung die Werkstätte mit heran-gezogen werden muß, erfordern bei neuen Baggern ungefähr $1/_2$ Stunde, bei älteren Baggern aber 1 Stunde eines Werkstättenarbeiters und darüber pro Betriebsstunde, d. h. wenn ein Bagger programmgemäß 3000 Stunden arbeiten soll, so sind dafür während dieser Zeit in der Werkstätte 1500 bis 3000 Werkstattarbeiterstunden für laufende Reparaturen vorzu-sehen.

2. Löffelbagger.

Hier gilt das gleiche wie für Eimerbagger mit dem Abmaße, daß für die Ausführung größerer Reparaturen schon $1/_4$—$1/_2$ Stunde eines Werk-stättearbeiters pro Betriebsstunde genügen wird.

3. Greifbagger.

S. Löffelbagger.

4. Lokomotiven.

Die laufenden Reparaturen bei Lokomotiven bestehen in der Hauptsache im Dichten oder Auswechseln von Siederohren, Nacharbeiten von Lagern, Anbringen neuer Bremsklötze u. dgl. m. und werden meist unter Heranziehung des Bedienungspersonals behoben, so daß man auskommen wird, wenn für je 4—5 Lokomotivstunden 1 Stunde eines Werkstättearbeiters angesetzt wird.

5. Lokomobilen.

Lokomobilen haben verhältnismäßig selten größere Defekte, so daß man im allgemeinen mit 1 Stunde eines Werkstättearbeiters für etwa 10—12 Lokomobilstunden ausreichen wird.

6. Rollwagen.

Wie schon bei der Dimensionierung des Fahrparks auf S. 22 erwähnt wurde, treffen auf je 100 im Betrieb befindliche Wagen 6—12 bzw. 10 bis 20% Reservewagen, welche für den Ausfall während des Betriebes als Ersatz dienen sollen.

Die ausgefallenen Wagen müssen unter normalen Umständen innerhalb 24 Stunden wieder instand gesetzt sein, woraus sich die Besetzung der Stellmacherei ergibt, wenn man annimmt, daß zu den laufenden Reparaturen an einem Wagen durchschnittlich erforderlich sind:

bei 600-mm-Spur-Wagen   etwa 4—5 Arbeitsstunden
  ,, 750 ,,   ,,   ,,   ,, 5—6   ,,
  ,, 900 ,,   ,,   ,,   ,, 6—8   ,,

Beispiel: Betriebsplan und Dimensionierung des Geräteparks haben ergeben, daß auf einer Baustelle gleichzeitig in ununterbrochener Tag- und Nachtschicht arbeiten sollen:

2 Lübecker Bagger Type B,
2 Löffelbagger Modell G,
12 Lokomotiven 900 mm Spur,
300 Holzkastenkipper 900 mm Spur.

Wie stark ist Werkstätte und Stellmacherei für die laufende Instandhaltung dieses Geräteparkes zu besetzen?

a) Werkstätte.

2 B-Bagger $\quad 2 \cdot 24 \cdot 1 \;=\; 48$ Std.
2 Löffelbagger $\quad 2 \cdot 24 \cdot 0{,}5 = 24$,,
12 Lokomotiven $12 \cdot 24 : 4 \;=\; 72$,,
$\overline{144\text{ Std.}}$

$= 12$ Mann je 12 Stunden.

Die Zusammensetzung des Werkstättepersonals ist gewöhnlich ungefähr folgende:

Meister	1	oder	1	oder	1
Schlosser	3	,,	4	,,	6
Dreher	1	,,	1—2	,,	2
Schmiede	2	,,	2—3	,,	3
Helfer	2	,,	2—3	,,	3

so daß man in obigem Falle als Werkstattbesetzung bei 12 Stunden täglicher Arbeitszeit annehmen könnte:

> 1 Meister,
> 4 Schlosser,
> 1 Dreher,
> 3 Schmiede,
> 3 Helfer.

b) Stellmacherei.

10% aus 300 Wagen = 30 Wagen fallen durchschnittlich pro Tag aus und sind zu reparieren; dazu sind erforderlich 30 · 8 = 240 Arbeitsstunden = 20 Mann je 12 Stunden.

Für die Besetzung der Stellmacherei ergibt sich etwa folgendes Bild:

Meister	—	oder	1	oder	1
Stellmacher	3—4	„	6—8	„	12—15
Schmiede	1	„	2	„	3
Helfer	2	„	4	„	6

und demgemäß für den vorliegenden Fall:

> 1 Meister,
> 11 Stellmacher,
> 3 Schmiede,
> 5 Helfer.

B. Schlußreparatur.

Der Umfang der Schlußreparatur richtet sich naturgemäß ganz nach der Dauer der Arbeiten und der Beanspruchung, welcher das Geräte unterworfen war.

Im allgemeinen wird er sich ziemlich gleichlaufend mit ersterer bewegen, und es dürfte deshalb genügen, wenn im folgenden die Angaben für 3000 Stunden Arbeitszeit unter sonst normalen Verhältnissen gemacht werden.

Ist die Arbeitszeit größer, so ergeben sich die entsprechenden Zahlen einfach durch proportionale Aufwertung.

1. Eimerbagger.

Type E 1 und B	ca. 2500—4500 Std.
„ A	1600—2500 „
„ O	1200—2000 „
„ C	750—1200 „
„ F	500— 800 „

2. Löffelbagger.

Modell G 20 und G	ca. 1000—1500 Std.
„ F 2	800—1200 „
„ F 1	600— 900 „
„ E	400— 600 „
„ C	300— 400 „

3. Greifbagger.

Größe E	ca. 300— 400 Std.
„ C 1	200— 300 „

4. **Lokomotiven.**

600 mm Spurweite . . . . . . ca.	300— 500 Std.
750 ,, ,, ...	400— 800 ,,
900 ,, ,, ...	600—1200 ,,

5. **Lokomobilen.**

bis 25 PS Normalleistung . . . ca.	300— 500 Std.
,, 50 ,, ,, . . .	600—1000 ,,
,, 100 ,, ,, . . .	1200—2000 ,,

6. **Rollwagen.**

600 mm Spurweite . . . . . . ca.	25— 30 Std.
750 ,, ,, ...	30— 40 ,,
900 ,, ,, ...	40— 50 ,,

Der kleinere der beiden Werte gilt jeweils für neu beschaffte Geräte und der größere für solche, die schon länger im Betrieb waren.

Bei großen Arbeiten wird fast immer beides vorkommen, weshalb man hiefür am besten mit dem Mittelwert rechnet.

Beispiel: In dem Beispiel zu A seien die Geräte 4500 Std. in Betrieb gewesen und sollen nun durch die gleiche Werkstatt- und Stellmachereibesetzung der Schlußreparatur unterzogen werden. Wie lange dauert die Schlußreparatur?

a) Werkstätte.

$$2 \text{ B-Bagger} \qquad 2 \cdot \frac{4500}{3000} \cdot 3500 = 10\,500 \text{ Std.}$$

$$2 \text{ Löffelbagger } G \qquad 2 \cdot \frac{4500}{3000} \cdot 1500 = 4\,500 \text{ ,,}$$

$$12 \text{ Lokomotiven} \qquad 12 \cdot \frac{4500}{3000} \cdot 900 = 16\,200 \text{ ,,}$$

$$31\,200 \text{ Std.}$$

$$31\,200 : 144 = 217 \text{ Arbeitstage,}$$

d. h. die Schlußreparatur der Maschinen beansprucht in diesem Fall noch 217 Arbeitstage von je 12 Std. bei unveränderter Besetzung mit 12 Mann.

b) Stellmacherei.

$$300 \text{ Wagen} \qquad 300 \cdot \frac{4500}{3000} \cdot 45 = 20\,250 \text{ Std.}$$

$$20\,250 : 240 = 85 \text{ Arbeitstage,}$$

d. h. die Schlußreparatur der Rollwagen beansprucht noch 85 Arbeitstage von je 12 Std. bei unveränderter Besetzung mit 20 Mann.

Zur Ermittlung des Gesamtaufwandes für die Instandhaltung der Geräte sind die auf vorstehende Art errechneten Lohnausgaben zu erhöhen:

um den sich nach Abschn. VI A 1 c ergebenden Zuschlag für soziale Lasten, ferner

um die Kosten für Öle und Kohle oder auch elektrischen Strom zum Betrieb der Antriebsmaschinen, welche sich nach Abschn. V ergeben, und endlich

um einen weiteren Betrag für Beschaffung von Schmiedekohlen, Karbid, Sauerstoff, Wasserstoff u. dgl. m., der nach den Ausführungen auf S. 70 am zweckmäßigsten gleichfalls in Form eines Zuschlages von etwa 20% auf die Löhne erfaßt wird.

V. Ermittlung des Betriebsstoffbedarfes.

Zu den Betriebsstoffen, welche hier behandelt werden sollen, zählen:

    A. die Brennstoffe bzw. gegebenenfalls an deren Stelle
    B. elektrischer Strom;
    C. Schmier- und Putzmittel;
    D. Wasser.

A. Brennstoffe.

Im einzelnen ist dazu folgendes zu bemerken:

Der Hauptbrennstoff im Baubetrieb ist die Kohle, daneben kommen in geringeren Mengen noch Benzin bzw. Benzol zur Verwendung und außerdem Holz zum Anfeuern der Kessel. Letzteres soll hier ganz außer acht gelassen werden, nachdem es meist aus den Holzabfällen der Baustelle selbst entnommen wird und indirekt dadurch Berücksichtigung findet, daß der Brennholzwert dieser Abfälle nicht gutgeschrieben wird.

Allgemein kann man sagen, daß der gesamte Brennstoffverbrauch annähernd proportional ist der abgegebenen Leistung, und daß er im Verhältnis zur Leistungseinheit um so kleiner wird, je vollkommener die Maschine ist.

1. Kohle.

Der Verbrauch eines Dampfkessels an Kohle richtet sich nach dessen Güte und dem Zustand, in welchem er sich befindet.

Die Güte des Kessels wird am besten beurteilt nach dem Wirkungsgrad:

$$\eta = \frac{\text{Wärmemenge (in Kal.) im erzeugten Dampf}\,[1]}{\text{Wärmemenge (in Kal.) im verbrauchten Brennstoff}}$$

$$\eta = \eta_1 \cdot \eta_2 \,,$$

worin bedeutet:

    η_1 den Wirkungsgrad der Feuerung $=$ etwa 0,8 und
    η_2 den Wirkungsgrad der Heizfläche $=$ etwa 0,65.

Diese Werte für die Wirkungsgrade kommen jedoch nur in Betracht für solche Kessel, die sich in einigermaßen gutem Zustande befinden und von geschultem Personal bedient werden. Mit beiden Dingen sieht es aber im Baubetrieb nicht am besten aus.

Die Tatsache, daß auch das Maschinenpersonal im Baubetrieb mehr als in irgendeinem anderen Industriezweig Gefahr läuft, wegen Arbeitsmangel oder aus sonstigen Gründen aussetzen zu müssen, hat dazu geführt, daß an wirklich gutem, durch und durch geschultem und erfahrenem Personal stets ein Mangel herrscht, und daß auch das Nachziehen von solchem erheblichen Schwierigkeiten begegnet.

---

[1]) Siehe Förster: Taschenbuch für Bauingenieure, S. 2274.

Die Folge davon ist, daß auf großen Baustellen zur Aufrechterhaltung des Betriebes nur allzuhäufig Leute, von denen man annimmt, daß sie sich eignen, aus den Bauhilfsarbeitern herausgezogen, notdürftig angelernt und womöglich nach ganz kurzer Zeit schon als Führer auf die Maschinen gesetzt werden.

Manchmal hat man das Glück, aus solchen durch den Zwang der Verhältnisse hervorgegangenen Experimenten mit einem blauen Auge herauszukommen; erheblich zahlreicher sind jedoch die Fälle, in denen man bei genauerer Prüfung derartige Versuche teuer bezahlen muß.

Die Leute werden dann von der Maschine heruntergeholt; ihr Ehrgeiz verbietet ihnen, bei der gleichen Unternehmung wieder als gewöhnlicher Bauhilfsarbeiter weiterzuarbeiten, und dank der ausgezeichneten Organisation im Baugewerbe und dem ständigen Mangel an Maschinenpersonal ist es ihnen meistens ein leichtes, auf Grund ihrer vom Lohnbüro bestätigten Beschäftigung als „Maschinist bei der Firma N. N.“ neuerdings als solcher eingestellt zu werden und Unheil anzurichten.

Dabei sind die Fälle, in denen die Unbrauchbarkeit offenkundig zutage tritt, weitaus die selteneren; gewöhnlich wird es nur bei sorgsamer Überwachung des Personals möglich sein, die Mängel zu entdecken und auszumerzen, und es ist nicht zuviel behauptet, wenn man sagt, daß dieselben vielfach überhaupt nicht entdeckt werden, weil diesem Problem bisher nicht die Beachtung geschenkt wurde, die es verdient, und weil greifbare Unterlagen vollkommen fehlten.

Grundbedingung für die Erzielung eines möglichst hohen Wirkungsgrades der Dampfkessel, soweit dieser von der Bedienung abhängt, ist einmal, daß das Heizmaterial in sachgemäßer Weise eingebracht wird, dann aber auch vor allem eine pflegliche Behandlung des Kessels auf der wasserberührten wie auf der feuerberührten Seite: erstere durch ausreichendes Waschen des Kessels und letztere durch sorgfältige Behandlung der Rohre.

Was speziell die letztere anbelangt, so ist unbedingt darauf zu sehen, daß die Rohre so sauber als nur irgend möglich gehalten werden, und daß diesem Punkt vornehmlich bei ununterbrochner Tag- und Nachtschicht das größte Augenmerk geschenkt wird. Ist dies nicht der Fall, so legt sich im Innern der Rohre durch Zusammenwirken von Ruß und dem Teer der Briketts mit der Zeit eine Kruste an, die geeignet ist, den Kohlenverbrauch ganz erheblich zu steigern. Wie groß dieser Mehrverbrauch werden kann, ist zu schließen aus den Kohlenmessungen in A 1 b dieses Abschnittes, die ergeben haben, daß allein infolge des 24 stündigen Betriebes und der dadurch nur allwöchentlich möglichen Reinigung der Rohre schon ein Mehrverbrauch von rd. 10% gegenüber dem Normalverbrauch bei Betrieb mit Pausen zu verzeichnen ist.

Zu der nunmehr folgenden Behandlung der einzelnen Baumaschinen ist vorweg zu bemerken, daß die Kohlenmenge für das Anheizen nicht nur von der Außentemperatur, sondern auch von der Länge der Betriebspausen abhängig ist und daß die angegebenen Mengen einen Jahresmittelwert bei 12 stündigem Betrieb darstellen. Unter der Voraussetzung eines durchschnittlichen Heizwertes von 7500 Kal. ergibt sich dann folgendes Bild:

a) Bagger.

1. Eimerbagger. Bei den Eimerbaggern ist für die Berechnung des Kohlenverbrauches zu unterscheiden zwischen Baggerung aus dem Trockenen und Baggerung aus dem Wasser.

In letzterem Falle bedingt die durch das größere Gewicht hervorgerufene stärkere Beanspruchung der Maschinen auch einen entsprechend höheren Kohlenbedarf.

Tabelle 81.

Type	NE I kg	E II kg	B kg	E III kg	A kg	O kg	C kg	F kg
Kohlenzuschlag für das Anheizen	300	220	200	180	180	160	100	70
Kohlenverbrauch pro Bagger-Std. beiBaggerung aus demTrockenen	350	240	200	175	175	100	70	50
„ „ „ „ Wasser .	420	290	240	210	210	120	85	60

2. Löffelbagger. Tabelle 82.

Modell	G kg	F 2 kg	F 1 kg	E kg	C 2 kg
Kohlenzuschlag für das Anheizen .	80	70	60	50	30
Kohlenverbrauch pro Baggerstunde	120	100	85	70	60

3. Greifbagger. Über den Kohlenverbrauch bei Greifbaggern lassen sich zuverlässige Angaben nicht machen, weil dieser zu sehr schwankt. Der Dampf- und damit der Kohlenverbrauch wird ein größerer sein, wenn z. B. der Greifbagger mit einer sehr großen Hubhöhe und dadurch die Hubmaschine unter Vollast ziemlich lange zu arbeiten hat, bis der Hub beendet ist, und er wird geringer sein, wenn nur kurze Hübe ausgeführt werden müssen.

Für überschlägige Rechnungen kann man ungefähr die Verbrauchszahlen der entsprechenden Größen bei den Löffelbaggern nehmen.

b) Lokomotiven.

Der Kohlenverbrauch der Lokomotiven ist je nach dem Grade der Ausnützung sehr verschieden.

Die Erörterungen über die maßgebende Arbeitshöhe im II. Abschnitt geben ein wertvolles Hilfsmittel an die Hand, um diesen Grad der Ausnützung ziemlich genau zu bestimmen und damit kann dann auch der Kohlenverbrauch in kg auf einfache Weise ermittelt werden nach folgender Gleichung:

$$K = \frac{Q \cdot H_w}{270} \cdot \gamma,$$

worin bedeutet:

Q das jeweilige Zugsgewicht in t;
H_w die Widerstandshöhe in m und
γ den Betriebsstoffverbrauch für eine PS-Stunde in kg.

Letzterer Wert wird von den Maschinenfabriken zu 1,5 bis 2 kg angegeben, je nach der Güte der Kohle. Mit diesem Betrag ist jedoch praktisch nichts anzufangen, weil er zwar vielleicht auf dem Versuchsstand zutreffen mag, den tatsächlichen Verhältnissen im Baubetrieb aber in keiner Weise Rechnung trägt.

Es wurde deshalb unter Heranziehung einer Reihe von Kohlenmessungen versucht, Theorie und Praxis in Einklang zu bringen und für γ einen Wert zu finden, welcher in Verbindung mit der theoretisch ohne weiteres zu ermittelnden Arbeitsleistung eine Kohlenmenge ergibt, die den tatsächlichen Bedürfnissen so nahe als nur irgend möglich kommt.

Der so gefundene Wert γ darf dann allerdings nicht mehr vorbehaltlos als Betriebsstoffverbrauch pro PS-Stunde angesprochen werden, denn er enthält nach der Art seiner Ermittlung auch den Verbrauch für solche tatsächliche Leistungen, die sich rechnerisch nicht erfassen lassen, von der Lokomotive aber trotzdem bewältigt werden müssen. Hierher gehören, um nur die häufigsten und fast bei jedem Bau wiederkehrenden zu nennen, Einflüsse einer schlechten Gleisanlage, Widerstände beim Durchfahren von Weichen, Kraftaufwand bei wiederholtem Vorziehen der Züge, wie dies besonders beim Laden mittels Löffelbagger und Greifbagger, dann aber auch zuweilen auf der Kippe nötig ist, u. dgl. m.

Aus diesem Grunde sind die in den einzelnen Untersuchungen ermittelten Werte für γ auch nicht, wie man eigentlich annehmen müßte, annähernd gleich, sondern je nach dem Dienst, welchen die Maschinen zu leisten hatten, und dem Grad der Genauigkeit, der bei der theoretischen Errechnung der Arbeit möglich war, teilweise nicht unerheblich voneinander abweichend.

Zur Erzielung brauchbarer Resultate ist es notwendig, daß bei derartigen Untersuchungen auch der **Kohlenverbrauch in den Zeiten bloßer Dampfhaltung** berücksichtigt wird, was nach einem Vorschlag von **Dr. L. Oerley** am zweckmäßigsten geschieht durch Einführung einer entsprechenden Zusatzhöhe

$$\Delta h_0 = 75 \cdot (1 - \alpha) \cdot \sum t_0,$$

wobei $\sum t_0$ die Summe aller Dampfhaltungszeiten in Stunden bedeutet.

Beladung der Züge durch Eimerbagger; Betriebszeit 24 Stunden.

1. Untersuchung. Transport des Baggergutes in Zügen von durchschnittlich 24 Wagen à 4 cbm Inhalt auf 3500 m mittlere Entfernung ohne Überwindung nennenswerter Steigungen.

Gesamthöhenunterschied zwischen Verladestelle und höchstem Punkt der Transportbahn 6,20 m.

Kurven insgesamt 500 m von 200 m Halbmesser.

Tägliche Arbeitszeit 24 Std.

Ergebnis der Kohlenmessungen:

Lokomotive Nr.	1	2	8	4	5	Summe bzw. Mittelwert
Leistung			160 PS			
Anzahl der Betriebsstunden	232	188	201	156	228	1005
„ „ beförderten Züge	95	67	86	58	91	397
Zeitaufwand in Std. pro Zug	2,44	2,81	2,34	2,69	2,51	2,53
Kohlenverbrauch insgesamt	11 760	9100	11 130	7770	10 290	50 050
„ pro Betriebsstunde	50,7	48,4	55,4	49,8	45,1	49,8

An vorstehender Tabelle fällt zunächst der verhältnismäßig große Zeitaufwand von etwas über $2^1/_2$ Std. pro Zug auf, und es sei deshalb an dieser Stelle gestattet zu prüfen, wie sich derselbe mit den Ergebnissen einer Dimensionierung des Geräteparkes auf Grund der im II. Abschnitt gegebenen Richtlinien deckt.

Die Versuchslokomotiven entstammten dem Fahrpark, der das Material von 3 Eimerbaggern, und zwar 1 Type E 1 mit 250 l Eimerinhalt und 2 Type B abzutransportieren hatte. Das Material war mittelschwerer Boden.

Dimensionierung des Fahrparks für Bagger E 1.
Leistung des Baggers pro Betriebsstunde (Tab. 1) = 185 cbm
Höchstleistungszuschlag 35% . . . . = 65 „
____
250 cbm

$$F = \frac{250}{60} \cdot \left(\frac{2 \cdot 3500}{200} + 3 + 10 + 10 \right) = 242 \text{ „}$$

Zuschlag für Auflockerung 15% . . . . = 36 „
____
Erforderlicher Fassungsraum 278 cbm
278 cbm = 3 · 93 cbm,

d. h. man wird in diesem Falle Zugsgarnituren aus 24 Wagen von je 4 cbm Fassungsvermögen nehmen.

Die Anzahl der Züge ist

$$Z = \frac{278}{96} + 1 = 4 \text{ Züge.}$$

Dimensionierung des Fahrparks für die B-Bagger.
Leistung des Baggers pro Betriebsstunde (Tab. 1) = 150 cbm
Höchstleistungszuschlag 35% . . . . = 53 „
____
203 cbm

$$F = \frac{203}{60} \cdot \left(\frac{2 \cdot 3500}{200} + 3 + 10 + 10 \right) = 196 \text{ „}$$

Zuschlag für Auflockerung 15% . . . . = 29 „
____
Erforderlicher Fassungsraum 225 cbm
225 cbm = 3 · 75 cbm,

d. h. es würden für die B-Bagger Zugsgarnituren aus je 19 Wagen von 4 cbm Fassungsvermögen genügen. Aus Zweckmäßigkeitsgründen wird man jedoch die Garnituren ebenso stark nehmen wie beim Bagger E 1, um in der Zugsverteilung stets freie Hand zu haben.

Die Anzahl der Züge pro B-Bagger beträgt dann

$$Z = \frac{225}{96} + 1 = 4 \text{ Züge.}$$

Insgesamt müssen also für die 3 Bagger zur Gewährleistung eines ungestörten Betriebes 12 Züge in Betrieb sein.

Die Anzahl der Lokomotivstunden ist demgemäß
$$= 12 \cdot 24 = 288 \text{ Stunden.}$$

In Wirklichkeit werden durchschnittlich nicht die oben angegebenen Leistungen pro Betriebsstunde erzielt, sondern wie Tabelle 8 aufweist

$$\begin{aligned}
\text{beim Bagger Type E 1} &= 150 \text{ cbm} \\
\text{und bei den 2 B-Baggern } 2 \cdot 120 &= 240 \text{ ,,} \\
\hline
&390 \text{ cbm}
\end{aligned}$$

$$\begin{aligned}
\text{insgesamt also } \ldots \ldots 24 \cdot 390 &= 9\,360 \text{ cbm} \\
\text{Zuschlag für Auflockerung } 15\% &= 1\,404 \text{ ,,} \\
\hline
&10\,764 \text{ cbm}
\end{aligned}$$

$$\begin{aligned}
\text{Inhalt eines Zuges} \qquad 24 \cdot 4 &= 96 \text{ cbm} \\
10\,764 : 96 &= 112 \text{ Züge pro Tag} \\
288 : 112 &= \textbf{2,57 Std. pro Zug,}
\end{aligned}$$

d. h. das Ergebnis der theoretischen Untersuchung stimmt mit den in der Tabelle niedergelegten Feststellungen aus der Praxis vorzüglich überein.

Die Einschaltung dieser Berechnung wurde nicht zuletzt auch deshalb vorgenommen, weil sie gleichzeitig zeigt, wie bei der praktischen Verwertung der folgenden Untersuchungen hinsichtlich der Vorausbestimmung der Dampfhaltungszeiten vorzugehen ist.

Die Feststellung des Kohlenverbrauchs pro rechnungsmäßig ermittelte PS-Std. ergibt sich dann wie folgt:

Vollzug	Leerzug
$G = 18,7$ t	$G = 18,7$ t
$Q_0 = 24 \cdot (2,4 + 4,0 \cdot 1,7) = 220,8$ t	$Q_0' = 24 \cdot 2,4 = 57,6$ t
$Q = G + Q_0 = 239,5$ t	$Q' = G + Q_0' = 76,3$ t
$w_1 = 10$ kg/t	$w_1 = 10$ kg/t
$w_2 = 6$ kg/t	$w_2 = 6$ kg/t
$w = \dfrac{18,7 \cdot 10 + 220,8 \cdot 6}{239,5} = 6,32$ kg/t	$w' = \dfrac{18,7 \cdot 10 + 57,6 \cdot 6}{76,3} = 6,98$ kg/t
$k = \dfrac{400}{200 - 16} = 2,172$ kg/t	$k = 2,172$ kg/t
$s_m = \dfrac{6200}{3500} = 1,77\%_{00}$	$s_m' = -1,77\%_{00}$
$l = 3500$ m	$l = 3500$ m
$v = 10$ km/Std.	$v' = 14$ km/Std.
Fahrzeit $= 21$ Min.	Fahrzeit $= 15$ Min.

Dampfhaltungspausen $2,53 - 0,6 = 1,93$ Std.

Vollzug	Leerzug
$s_0 = 149\%_{00}$	$s_0 = 149\%_{00}$
$\lambda = \dfrac{149 - 1,77}{6 + 1,77} = 19$	$\lambda' = \dfrac{149 + 1,77}{6 - 1,77} = 35,6$
$\alpha = \dfrac{220,8}{239,5} = 92\%$	$\alpha' = \dfrac{57,6}{76,3} = 75,5\%$
$h_1 = 6,200$ m	$h_1' = -6,200$ m
$h_w^1 = 0,001 \cdot 6,32 \cdot 3500 = 22,120$ m	$h_w^{1\prime} = 0,001 \cdot 6,98 \cdot 3500 = 24,430$ m
$h_k^1 = 0,001 \cdot 2,172 \cdot \dfrac{3500}{7} = 1,086$ m	$h_k^{1\prime} = 1,086$ m
$h_0 = 75 \cdot (1 - 0,92) \cdot 0,965 = 5,790$ m	$h_0' = 75 \cdot (1 - 0,755) \cdot 0,965 = 17,732$ m
$H_w = 35,196$ m	$H_w' = 37,048$ m
$A = 239,5 \cdot 35,196 = 8429$ tm	$A' = 76,3 \cdot 37,048 = 2827$ tm

$$\frac{8429 + 2827}{270} \cdot \gamma = 2,53 \cdot 49,8 = 125,99$$

$$\gamma = 125,99 : 41,69 = \textbf{3,02 kg/PS-Std.}$$

2. Untersuchung. Die gleichen Verhältnisse wie bei der 1. Untersuchung.

Ergebnis der Kohlenmessungen:

Lokomotive Nr.	1	2	3	Summe bzw. Mittelwert
Leistung		200 PS		
Anzahl der Betriebsstunden	220	213	155	588
„ „ beförderten Züge	94	79	64	237
Zeitaufwand in Std. pro Zug	2,34	2,70	2,42	2,49
Kohlenverbrauch insgesamt	12810	10780	8680	32270
„ pro Betriebsstunde	58,3	50,5	56,0	54,8

Vollzug	Leerzug

$$G = 22{,}35 \text{ t} \qquad\qquad G = 22{,}35 \text{ t}$$
$$Q_0 = 220{,}8 \text{ t} \qquad\qquad Q_0' = 57{,}6 \text{ t}$$
$$Q = G + Q_0 = 243{,}15 \text{ t} \qquad Q' = G + Q_0' = 79{,}95 \text{ t}$$
$$w_1 = 10 \text{ kg/t} \qquad\qquad w_1 = 10 \text{ kg/t}$$
$$w_2 = 6 \text{ kg/t} \qquad\qquad w_2 = 6 \text{ kg/t}$$

$$w = \frac{22{,}35 \cdot 10 + 220{,}8 \cdot 6}{243{,}15} = 6{,}37 \text{ kg/t} \qquad w' = \frac{22{,}35 \cdot 10 + 57{,}6 \cdot 6}{79{,}93} = 7{,}11 \text{ kg/t}$$

$$k = 2{,}172 \text{ kg/t} \qquad\qquad k = 2{,}172 \text{ kg/t}$$
$$s_m = 1{,}77\text{‰} \qquad\qquad s_m' = -1{,}77\text{‰}$$
$$l = 3500 \text{ m} \qquad\qquad l = 3500 \text{ m}$$
$$v = 10 \text{ km/Std.} \qquad\qquad v' = 14 \text{ km/Std.}$$

Fahrzeit = 21 Min.   Fahrzeit = 15 Min.

Dampfhaltungspausen 2,49 — 0,6 = 1,89 Std.

$$s_0 = 149\text{‰} \qquad\qquad s_0 = 149\text{‰}$$
$$\lambda = 19 \qquad\qquad \lambda' = 35{,}6$$

$$\alpha = \frac{220{,}8}{243{,}15} = 90{,}8\% \qquad\qquad \alpha' = \frac{57{,}6}{79{,}95} = 72{,}2\%$$

$$h_1 = 6{,}200 \text{ m} \qquad\qquad h_1' = -6{,}200 \text{ m}$$
$$h_w^1 = 0{,}001 \cdot 6{,}37 \cdot 3500 = 22{,}295 \text{ m} \qquad h_w^{1\prime} = 0{,}001 \cdot 7{,}11 \cdot 3500 = 24{,}885 \text{ m}$$

$$h_k^1 = 0{,}001 \cdot 2{,}172 \cdot \frac{3500}{7} = 1{,}086 \text{ m} \qquad h_k^{1\prime} = 1{,}086 \text{ m}$$

$$h_0 = 75 \cdot (1 - 0{,}908) \cdot 0{,}945 = 6{,}521 \text{ m} \qquad h_0' = 75 \cdot (1 - 0{,}722) \cdot 0{,}945 = 19{,}703 \text{ m}$$

$$H_w = 36{,}102 \text{ m} \qquad\qquad H_w' = 39{,}474 \text{ m}$$
$$A = 243{,}15 \cdot 36{,}102 = 8778 \text{ tm} \qquad A' = 79{,}95 \cdot 39{,}474 = 3156 \text{ tm}$$

$$\frac{8778 + 3156}{270} \cdot \gamma = 2{,}49 \cdot 54{,}8 = 136{,}5$$

$$\gamma = 136{,}5 : 44{,}2 = \mathbf{3.09 \ kg/PS\text{-}Std.}$$

Beladung der Züge durch Löffelbagger; Betriebszeit
12 Std./Tag.

3. Untersuchung. Transport des Baggergutes in Zügen von durchschnittlich 24 Wagen à 4 cbm Fassungsvermögen auf 3500 m mittlere Entfernung ohne Überwindung nennenswerter Steigungen.

Gesamthöhenunterschied zwischen Verladestelle und höchstem Punkt der Transportbahn 7,50 m.

Kurven insgesamt 700 m von 200 m Halbmesser.

Tägliche Arbeitszeit 12 Std.

Ergebnis der Kohlenmessungen:

Lokomotive Nr.	1	2	3	4	5	Summe bzw. Mittelwert
Leistung			160 PS			
Anzahl der Betriebsstunden	120	120	120	108	120	588
„ „ beförderten Züge	37	36	38	35	40	186
Zeitaufwand in Std. pro Zug	3,24	3,33	3,16	3,09	3,00	3,16
Kohlenverbrauch insgesamt	7770	6020	7000	6020	5530	32 340
„ pro Betriebsstunde	64,8	50,2	58,3	55,7	46,1	55,0

Nach Tab. 83 ist für das Anheizen von 160 PS-Lokomotiven ein Kohlenzuschlag von 54 kg zu rechnen, der in obigem Gesamtverbrauch von 32 340 kg mit enthalten ist.

Die Anzahl der Anheiztage betrug $4 \cdot 10 + 9 = 49$; der Kohlenzuschlag ist demgemäß $49 \cdot 54 = 2646$ kg oder 4,50 kg/Betriebsstunde, so daß als Mittelwert für die Durchführung der Untersuchung verbleibt: $55,0 - 4,5 = \mathbf{50,5 \ kg/Std.}$

Der Inhalt der Wagen ist mit Rücksicht auf die Beladung durch Löffelbagger nur mit 3,3 cbm zu rechnen.

Vollzug	Leerzug
$G = 18,7$ t	$G = 18,7$ t
$Q_0 = 24 \cdot (2,4 + 3,3 \cdot 1,7) = 192,24$ t	$Q_0' = 24 \cdot 2,4 = 57,6$ t
$Q = G + Q_0 = 210,94$ t	$Q' = G + Q_0' = 76,3$ t
$w_1 = 10$ kg/t	$w_1 = 10$ kg/t
$w_2 = 6$ kg/t	$w_2 = 6$ kg/t
$w = \dfrac{18,7 \cdot 10 + 192,24 \cdot 6}{210,94} = 6,35$ kg/t	$w' = \dfrac{18,7 \cdot 10 + 57,6 \cdot 6}{76,3} = 6,98$ kg/t
$k = \dfrac{400}{200 - 16} = 2,172$ kg/t	$k = 2,172$ kg/t
$s_m = \dfrac{7500}{3500} = 2,14 \ ‰$	$s_m' = -2,14 \ ‰$
$l = 3500$ m	$l = 3500$ m
$v = 10$ km/Std.	$v' = 14$ km/Std.
Fahrzeit $= 21$ Min.	Fahrzeit $= 15$ Min.

Dampfhaltungspausen $3,16 - 0,6 = 2,56$ Std.

$s_0 = 149 \ ‰$	$s_0 = 149 \ ‰$
$\lambda = \dfrac{149 - 2,14}{6 + 2,14} = 18,1$	$\lambda' = \dfrac{149 + 2,14}{6 - 2,14} = 39,2$
$\alpha = \dfrac{192,24}{210,94} = 91,1 \ \%$	$\alpha' = \dfrac{57,6}{76,3} = 75,5 \ \%$
$h_1 = 7,500$ m	$h_1' = -7,500$ m
$h_w^1 = 0,001 \cdot 6,35 \cdot 3500 = 22,225$ m	$h_w^{1'} = 0,001 \cdot 6,98 \cdot 3500 = 24,430$ m
$h_k^1 = 0,001 \cdot 2,172 \cdot \dfrac{3500}{5} = 1,520$ m	$h_k^{1'} = 1,520$ m
$h_0 = 75 \cdot (1 - 0,911) \cdot 1,28 = 8,544$ m	$h' = 75 \cdot (1 - 0,755) \cdot 1,28 = 23,520$ m
$H_w = 39,789$ m	$H_w' = 41,970$ m
$A = 210,94 \cdot 39,789 = 8393$ tm	$A' = 76,3 \cdot 41,970 = 3202$ tm

$$\frac{8393 + 3202}{270} \cdot \gamma = 3,16 \cdot 50,5 = 159,58$$

$$\gamma = 159,58 : 42,9 = \mathbf{3,72 \ kg/PS\text{-}Std.}$$

Scheidet man in vorstehender Untersuchung den Kohlenzuschlag für das Anheizen nicht aus, so ergibt sich folgendes Bild:

$$\frac{8393 + 3202}{270} \cdot \gamma = 3{,}16 \cdot 55{,}0 = 173{,}8$$

$$\therefore \gamma = 173{,}8 : 42{,}9 = 4{,}05 \text{ kg/PS-Std.}$$

Beladung der Züge durch Löffelbagger; Betriebszeit 24 Std./Tag.

4. Untersuchung. Das ganze Baggergut geht in Zügen von durchschnittlich 23 Wagen mit je 4 cbm Fassungsvermögen über eine 500 m lange 3,3 proz. Steigung und dann ohne Überwindung weiterer nennenswerter Steigungen zur Kippe. Der Vollzug hat eine Transportweite von etwa 3500 m; der Leerzug dagegen eine solche von 6500 m.

Gesamthöhenunterschied zwischen Verladestelle und höchstem Punkt der Transportbahn 22 m.

Kurven insgesamt 500 m von 200 m Halbmesser.

Tägliche Arbeitszeit 24 Std.

Ergebnis der Kohlenmessungen:

Leistung der verwendeten Maschinen 160 PS.

Mittl. Zeitaufwand pro Zug = 2,80 Std.

Mittl. Kohlenverbrauch pro Betriebsstunde = 63,9 kg.

Für die Überwindung der Rampe waren 3 Schubmaschinen in Dienst gestellt, und es ist deshalb diese Strecke auszuscheiden und gesondert zu behandeln.

Der Inhalt der Wagen ist auch hier mit Rücksicht auf die Beladung durch Löffelbagger nur mit 3,3 cbm anzunehmen.

a) Fahrt ohne Rampe.

Vollzug	Leerzug
$G = 18{,}7$ t	$G = 18{,}7$ t
$Q_0 = 23 \cdot (2{,}4 + 3{,}3 \cdot 1{,}7) = 184{,}23$ t	$Q_0' = 23 \cdot 2{,}4 = 55{,}2$ t
$Q = G + Q_0 = 202{,}93$ t	$Q' = G + Q_0' = 73{,}9$ t
$w_1 = 10$ kg/t	$w_1 = 10$ kg/t
$w_2 = 6$ kg/t	$w_2 = 6$ kg/t
$w = \dfrac{18{,}7 \cdot 10 + 184{,}23 \cdot 6}{202{,}93} = 6{,}37$ kg/t	$w' = \dfrac{18{,}7 \cdot 10 + 55{,}2 \cdot 6}{73{,}9} = 7{,}02$ kg/t
$k = \dfrac{400}{200 - 16} = 2{,}172$ kg/t	$k = 2{,}172$ kg/t
s_m nach Ausschaltung der Rampenstrecke $= \dfrac{22000 - 16500}{3500 - 500} = 1{,}83\,\%{}_0$	s_m' nach Ausschaltung der Abfahrtsrampe $= \dfrac{22000 - 15000}{6500 - 500}$ $= -1{,}17\,\%{}_0$
$l = 3500 - 500 = 3000$ m	$l' = 6500 - 500 = 6000$ m
$v = 10$ km/Std.	$v' = 14$ km/Std.
Fahrzeit = 18 Min.	Fahrzeit = 26 Min.

Rampenfahrzeiten $4 + 2 = $ rd. 6 Min.

Gesamtfahrzeit $18 + 26 + 6 = 50$ Min. $= 0{,}83$ Std.

Dampfhaltungspausen $2{,}80 - 0{,}83 = 1{,}97$ Std.

Vollzug	Leerzug
$s_0 = 149\,^0/_{00}$	$s_0 = 149\,^0/_{00}$
$\lambda = \dfrac{149 - 1{,}83}{6 + 1{,}83} = 18{,}8$	$\lambda' = \dfrac{149 + 1{,}17}{6 - 1{,}17} = 31{,}2$
$\alpha = \dfrac{184{,}23}{202{,}93} = 90{,}8\,\%$	$\alpha' = \dfrac{55{,}2}{73{,}9} = 74{,}7\,\%$
$h_1 = 22{,}0 - 16{,}5 = \qquad 5{,}500$ m	$h_1' = 22{,}0 - 15{,}0 = \qquad -7{,}000$ m
$h_w^1 = 0{,}001 \cdot 6{,}37 \cdot 3000 = \quad 19{,}110$ m	$h_w^{1\prime} = 0{,}001 \cdot 7{,}02 \cdot 6000 = \quad 42{,}120$ m
$h_k^1 = 0{,}001 \cdot 2{,}172 \cdot \dfrac{3000}{6} = \quad 1{,}086$ m	$h_k^{1\prime} = \qquad\qquad\qquad 1{,}086$ m
$h_0 = 75 \cdot (1 - 0{,}908) \cdot 0{,}985 = 6{,}797$ m	$h_0' = 75 \cdot (1 - 0{,}747) \cdot 0{,}985 = 18{,}715$ m
$H_w = \qquad\qquad\qquad 32{,}493$ m	$H_w' = \qquad\qquad\qquad 54{,}921$ m
$A = 202{,}93 \cdot 32{,}493 = 6594$ tm	$A' = 73{,}9 \cdot 54{,}921 = 4059$ tm

b) Rampenfahrten (Vollzüge 3 Schubmaschinen).

Vollzug	Leerzug
$G = 18{,}7$ t	$G = 18{,}7$ t
$Q_0 = \dfrac{184{,}23}{4} = 46{,}06$ t	$Q_0' = 55{,}2$ t
$Q = G + Q_0 = 64{,}76$ t	$Q' = G + Q_0' = 73{,}9$ t
$w_1 = 10$ kg/t	$w_1 = 10$ kg/t
$w_2 = \;\;6$ kg/t	$w_2 = \;\;6$ kg/t
$w = \dfrac{18{,}7 \cdot 10 + 46{,}06 \cdot 6}{64{,}76} = 7{,}15$ kg/t	$w' = 7{,}02$ kg/t
$s_m = 33\,^0/_{00}$	$s_m' = 30\,^0/_{00}$
$s_0 = 149\,^0/_{00}$	d. h. das Gefälle ist größer als das sog. Bremsgefälle, und es kann infolgedessen die Zugf.-A. = 0 gesetzt werden.
$\lambda = \dfrac{149 - 33}{6 + 33} = 2{,}98$	
$\alpha = \dfrac{46{,}06}{64{,}76} = 71{,}2\,^0/_{00}$	
$h_1^r = \qquad\qquad 16{,}500$ m	
$h_w^{1r} = 0{,}001 \cdot 7{,}15 \cdot 500 = 3{,}575$ m	
$H_w^r = \qquad\qquad 20{,}075$ m	

$A^r = 64{,}76 \cdot 20{,}075 = 1300$ tm

$$\frac{6594 + 4059 + 1300}{270} \cdot \gamma = 2{,}80 \cdot 63{,}9 = 178{,}92$$

$$\gamma = 178{,}92 : 44{,}3 = \mathbf{4{,}03 \ kg/PS\text{-}Std.}$$

5. Untersuchung. Allgemeine Verhältnisse wie bei der 4. Untersuchung.

Gesamthöhenunterschied zwischen Verladestelle und höchstem Punkt der Transportbahn 26 m.

Kurven insgesamt 500 m mit 200 m Halbmesser.

Tägliche Arbeitszeit 24 Std.

Ergebnis der Kohlenmessungen:

Leistung der verwendeten Maschinen 160 PS.

Mittl. Zeitaufwand pro Zug = 2,86 Std.

Mittl. Kohlenverbrauch pro Betriebsstunde = 65,6 kg.

Auch hier waren für die Überwindung der Hauptrampe 3 eigene Schubmaschinen in Dienst gestellt; die flacheren Ausfahrtsrampen von den Baggern wurden bei entsprechender Anfahrt von den Zugsmaschinen selbst mit gegenseitiger Aushilfe genommen.

Bezüglich des Inhalts der Wagen gilt das in den vorigen Untersuchungen Gesagte.

a) Fahrt ohne Rampen.

Vollzug	Leerzug
$G = 18{,}7$ t	$G = 18{,}7$ t
$Q_0 = 184{,}23$ t	$Q'_0 = 55{,}2$ t
$Q = 202{,}93$ t	$Q' = 73{,}9$ t
$w_1 = 10$ kg/t	$w_1 = 10$ kg/t
$w_2 = 6$ kg/t	$w_2 = 6$ kg/t
$w = 6{,}37$ kg/t	$w' = 7{,}02$ kg/t
$k = 2{,}172$ kg/t	$k = 2{,}172$ kg/t

s_m nach Ausschaltung der Hauptrampe $= \dfrac{26000-16500}{3500-500} = 3{,}17\,{}^0\!/_{00}$

s'_m nach Ausschaltung der Abfahrtsrampe $= \dfrac{26000 - 15000}{6500 - 500} = -1{,}83\,{}^0\!/_{00}$

$l = 3500 - 500 = 3000$ m $l' = 6500 - 500 = 6000$ m

$v = 10$ km/Std. $v' = 14$ km/Std.

Fahrzeit 18 Min.   Fahrzeit 26 Min.

Rampenfahrzeiten $4 + 2 = $ rd. 6 Minuten.

Gesamtfahrzeit $18 + 26 + 6 = 50$ Min. $= 0{,}83$ Std.

Dampfhaltungspausen $2{,}86 - 0{,}83 = 2{,}03$ Std.

$s_0 = 149\,{}^0\!/_{00}$ $s_0 = 149\,{}^0\!/_{00}$

$\lambda = \dfrac{149 - 3{,}17}{6 + 3{,}17} = 15{,}9$ $\lambda' = \dfrac{149 + 1{,}83}{6 - 1{,}83} = 36{,}2$

$\alpha = \dfrac{184{,}23}{202{,}93} = 90{,}8\%$ $\alpha' = \dfrac{55{,}2}{73{,}9} = 74{,}7\%$

$h_1 =$	9,500 m	$h'_1 =$ —11,000 m
$h_w^1 = 0{,}001 \cdot 6{,}37 \cdot 3000 =$	19,110 m	$h_w^{1\prime} = 0{,}001 \cdot 7{,}02 \cdot 6000 =$ 42,120 m
$h_k^1 = 0{,}001 \cdot 2{,}172 \cdot 500 =$	1,086 m	$h_k^{1\prime} =$ 1,086 m
$h_0 = 75 \cdot (1 - 0{,}908) \cdot 1{,}015 = 7{,}004$ m		$h'_0 = 75 \cdot (1 - 0{,}747) \cdot 1{,}015 = 19{,}285$ m
$H_w =$	36,700 m	$H'_w =$ 51,491 m
$A = 202{,}93 \cdot 36{,}700 = 7448$ tm		$A' = 73{,}9 \cdot 51{,}491 = 3805$ tm

b) Rampenfahrten (Vollzüge 3 Schubmaschinen).

Verhältnisse genau wie bei der 4. Untersuchung.

Vollzug: $A^r = 1300$ tm   Leerzug: Zgf.-A. $= 0$

$$\frac{7448 + 3805 + 1300}{270} \cdot \gamma = 2{,}83 \cdot 65{,}6 = 187{,}62$$

$$\gamma = 187{,}62 : 46{,}5 = \mathbf{4{,}04 \ kg/PS\text{-}Std.}$$

Betrachtet man die Tabellen der ersten 3 Untersuchungen, so fallen vor allem die erheblichen Unterschiede auf, welche die Kohlenverbrauchszahlen pro Betriebsstunde innerhalb der einzelnen Messungsgruppen aufweisen.

Die Ursachen dieser Erscheinung sind mannigfacher Art; zum Teil liegen sie in der aus dem Zeitaufwand pro Zug ersichtlichen geleisteten

Mehrarbeit, zum Teil darin, daß der Zustand der Maschinen ein sehr verschiedener insofern war, als dieselben teilweise neu waren, teilweise aber schon recht beträchtliche Anstrengungen hinter sich hatten, und zum letzten und nicht geringsten Teil sind sie in den auf S. 74 ff. angedeuteten allgemeinen Mißständen zu suchen, von denen auch diese Baustelle nicht verschont geblieben ist.

Die Abstellung dieser Mißstände bedingt eine genaue Kontrolle der Maschinen und Verfolgung des Zustandes derselben, und es ist begreiflich, daß diese Maßnahmen bei einem so ungleichartig zusammengesetzten Maschinenpersonal keine große Gegenliebe finden, solange es weiß, daß es bei einer ganzen Reihe von Unternehmungen damit nicht belästigt wird.

Man sollte jedoch meinen, daß der Hinweis auf diese in einem gut geleiteten und scharf kontrollierten Betrieb schon vorhandenen Unterschiede genügen müßte, um die Bedeutung dieser Sache zur allgemeinen Kenntnis zu bringen und dadurch mit beizutragen, auf möglichst breiter Basis eine durchgreifende Besserung in dieser Hinsicht zu erzielen. Wenn die Maschinisten erst einmal wissen, daß sie nicht nur bei einzelnen, sondern bei allen Firmen zu einer ordnungsgemäßen Bedienung und Behandlung ihrer Maschinen angehalten werden, so wird ihre Neigung, wegen jeder oft geringfügigen Zurechtweisung den Dienst zu verlassen, beträchtlich eingedämmt und damit die Grundlage geschaffen werden, auf diesem Gebiete in zielbewußter Zusammenarbeit vorwärts zu kommen.

Zu den Ergebnissen selbst ist zu bemerken, daß ein grundlegender Unterschied besteht zwischen der Beladung der Züge durch Eimerbagger und durch Löffelbagger.

Wie schon in den einleitenden Bemerkungen zu den Untersuchungen ausgeführt wurde, umfaßt der Wert γ auch den Verbrauch für solche tatsächliche Leistungen, welche sich rechnerisch nicht erfassen lassen, und zu diesen Leistungen zählt zweifellos das beim Beladen der Wagen durch Löffelbagger notwendige Vorziehen des ganzen Zuges nach der Beladung jedes einzelnen Wagens, was an den Resultaten der 3. bis 5. Untersuchung augenfällig in Erscheinung tritt.

Der etwas höhere Wert der 2. Untersuchung gegenüber dem der 1. ist wohl darauf zurückzuführen, daß die 200-PS-Lokomotiven auf die verschiedenen Widerstände in der Gleislage noch empfindlicher reagierten als die 160-PS-Maschinen.

Die 3. Untersuchung wurde bei einem Löffelbaggerbetrieb mit Pausen vorgenommen und zeitigte ein um etwa 10% günstigeres Resultat als die 4. und 5. Untersuchung bei ununterbrochenem Betrieb, was seinen Grund darin haben dürfte, daß in ersterem Falle eine tägliche Reinigung der Siederohre und damit die Erzielung eines günstigeren Wirkungsgrades der Heizung möglich war.

Nicht uninteressant ist in diesem Falle, daß bei 12stündigem Betrieb die Vorteile des günstigeren Wirkungsgrades durch den Kohlenzuschlag für das Anheizen glatt wieder aufgehoben werden.

Der Unterschied in den Ergebnissen dieser Untersuchungen gegenüber den von den Maschinenfabriken angegebenen Mengen ist ein gewaltiger, und wenn dieselben auch etwas beeinflußt waren durch die teilweise schlechte Beschaffenheit der Kohle, so darf andererseits nicht übersehen werden, daß bei den Kohlenmessungen nur der nackte Verbrauch festgestellt wurde, die unvermeidlichen Kohlenverluste aller Art jedoch vollkommen unberücksichtigt blieben und daß infolgedessen das Gesamtresultat ganz allgemein kein wesentlich anderes sein wird.

Es empfiehlt sich daher, für die Ermittlung des voraussichtlichen Kohlenbedarfes von Lokomotiven bei Baggerarbeiten den Verbrauch pro rechnungsmäßig notwendige PS-Stunde anzunehmen mit 3 kg, wenn die Beladung der Wagen durch Eimerbagger erfolgt, und mit 4 kg, wenn sie durch Löffelbagger vorgenommen wird.

6. Untersuchung. Als letztes wurden noch Erhebungen gepflogen, welchen Kohlenverbrauch die 3 Schubmaschinen hatten, die für die Beförderung der Züge über die Hauptrampe in Dienst gestellt waren.

Ergebnis der Kohlenmessungen:

Leistung der verwendeten Maschinen 200 PS.

Mittl. Zeitaufwand pro Zug $= 0,313$ Std.

Mittl. Kohlenverbrauch pro Betriebsstunde $= 88,8$ kg.

$$G = 22,35 \text{ t}$$

$$Q_0 = \frac{184,23}{4} = 46,06 \text{ t}$$

$$Q = G + Q_0 = 68,41 \text{ t}$$

$$w_1 = 10 \text{ kg/t} \qquad w_2 = 6 \text{ kg/t}$$

$$w = \frac{22,35 \cdot 10 + 46,06 \cdot 6}{68,41} = 7,30 \text{ kg/t}$$

$$s_m = 33\,\text{\textperthousand} \qquad s_0 = 149\,\text{\textperthousand}$$

$$\lambda = \frac{149 - 33}{6 + 33} = 2,98$$

$$\alpha = \frac{46,06}{68,41} = 67,4\%$$

Fahrzeit des Vollzuges auf der Rampe $=$ rd. 4 Min.
Dampfhaltungspausen $0,313 - 0,067 = 0,246$ Std.

$$\begin{aligned}
h_1 &= & 13,500 \text{ m}\\
h_w^1 &= 0,001 \cdot 7,30 \cdot 500 & = 3,650 \text{ m}\\
h_0 &= 75 \cdot (1 - 0,674) \cdot 0,246 & = 6,015 \text{ m}\\
\hline
H_w &= & 26,165 \text{ m}
\end{aligned}$$

$$A = 68,41 \cdot 26,165 = 1790 \text{ tm}$$

$$\frac{1790}{270} \cdot \gamma = 0,313 \cdot 88,8 = 27,79$$

$$\gamma = 27,79 : 6,63 = \mathbf{4,19 \text{ kg/PS-Std.}}$$

Der Kohlenverbrauch der Schubmaschinen ist demnach etwas höher als jener bei Beladung der Züge durch Löffelbagger, was darin begründet sein dürfte, daß diese Maschinen ständig mit ihrem Druck auf der Höhe sein müssen.

Der Grundwert λ der Leistungsfähigkeit ist rechnungsmäßig 2,98, d. h. die Lokomotiven müßten auf gerader Strecke $2,98 \cdot 22,35 =$ rd. 67 t schleppen können, so daß eigentlich 3 Maschinen insgesamt mehr als ausreichend wären, um die Zuglast von 184,23 t über die Rampe hinauf zu befördern.

Die Erfahrung hat jedoch gelehrt, daß dies nur ausnahmsweise möglich war und daß die Einstellung von bloß 2 Schubmaschinen auf die Dauer zu empfindlichen Störungen des Betriebes geführt hätte, weil ungünstige Anfahrt und eine Kurve kurz vor Beginn der Rampe die Leistung erheblich herabminderten.

Obwohl die 3. Untersuchung zeigt, daß es so ziemlich auf das gleiche herauskommt, ob man bei 12 stündigem Betrieb Kohlenverbrauch für den eigentlichen Betrieb und für das Anheizen gesondert behandelt oder aber einfacher unter Außerachtlassung des letzteren die Werte für ununterbrochenen Betrieb in die Berechnung einführt, sollen in Tab. 83 doch der Vollständigkeit halber durchschnittliche Angaben über die Kohlenmenge gemacht werden, die bei Anheizen als Zuschlag zu nehmen ist.

Tabelle 83.

Spurweite der Lokomotive in mm .	600			750			900			
Leistung in PS	35 kg	45 kg	55 kg	45 kg	55 kg	70 kg	100 kg	140 kg	160 kg	200 kg
Kohlenzuschlag für das Anheizen	30	35	42	35	42	45	48	52	54	68

c) Lokomobilen.

Der Kohlenverbrauch von Lokomobilen kann bei voller Belastung für Sattdampfmaschinen zu 1,5—2,0 kg/PS-Std., für Heißdampfmaschinen zu 1,2—1,5 kg/PS-Std. und für Heißdampfverbundlokomobilen mit Einspritzkondensation zu 1,0—1,2 kg/PS-Std. angenommen werden.

Ist die Lokomobile, wie dies im Baubetrieb häufig vorkommt, nur zur Hälfte ausgenützt, so wird sich damit auch der Kohlenverbrauch verringern, aber bei weitem nicht in dem Maße.

Als mittlere Werte für die in Tab. 63 aufgeführten Typen kann man nehmen:

Tabelle 84. Sattdampflokomobilen.

Normalleistung in PS	11 kg	13 kg	15 kg	17 kg	20 kg	24 kg	28 kg	34 kg	40 kg	50 kg
Kohlenzuschlag für das Anheizen	22	25	28	30	35	40	48	55	60	75
Kohlenverbrauch pro Betriebs-Std. bei voller Belastung	22	25	28	30	35	40	48	55	60	75
., halber ,, ...	18	20	22	24	28	32	38	45	48	60

Tabelle 85. Heißdampflokomobilen.

Bauart	Einzylinderlokomobilen							Verbundlokomobilen mit Einspritzkondensation			
Normalleistung in PS	17 kg	20 kg	24 kg	28 kg	34 kg	40 kg	50 kg	68 kg	100 kg	120 kg	150 kg
Kohlenzuschlag für das Anheizen	30	35	40	45	50	60	70	100	140	150	175
Kohlenverbrauch pro Betriebs-Std. bei voller Belastung	26	30	34	38	44	50	60	85	120	130	150
,, halber ,, ...	20	23	26	30	33	38	45	65	90	100	115

2. Benzol.

Außer Kohle kommt als Brennstoff im Baubetrieb noch Benzol in Frage und darf man damit rechnen, daß von diesem Betriebsstoff pro PS-Stunde etwa 0,35—0,40 kg benötigt werden.

B. Elektrischer Strom.

Für Elektromotoren als Antriebsmaschinen erhält man die erforderliche Energiemenge, indem man den tatsächlichen Kraftbedarf durch den Wirkungsgrad des Motors (etwa 0,9) und bei Drehstrom außerdem durch den Leistungsfaktor (der mit Rücksicht auf die meist schlechte Ausnützung bei alten Motoren zwischen 0,7 und 0,8, bei den neuesten Typen dagegen etwa um 0,9 liegt) dividiert.

Für die Umrechnung von PS in kW und umgekehrt ist nebenstehende Tab. 87 mit Vorteil zu verwenden.

C. Schmier- und Putzmittel.

Zu den Schmier- und Putzmitteln für den Baubetrieb gehören Zylinderöl, Maschinenöl, Motorenöl, Kompressorenöl, Staufferfett, Putzöl und Putzwolle.

Der Verbrauch an diesen Stoffen hängt vor allem von dem Verständnis und der Sorgfalt ab, mit denen sie verwertet werden, und von der Kontrolle, die in dieser Hinsicht ausgeübt wird.

Er wird in den meisten Fällen ein recht namhafter sein, wenn man das Personal einfach gewähren läßt, und kann trotz besserer Versorgung der Maschinen auf einen Bruchteil dieses Quantums herabgedrückt werden, wenn man die Ausgabe richtig organisiert und der Verwendung der Stoffe die nach ihrer Bedeutung zukommende Beachtung schenkt.

Unter der Voraussetzung, daß dies geschieht, kann man als durchschnittlichen Verbrauch in Gramm pro Betriebsstunde die in den folgenden Tabellen angegebenen Werte zugrunde legen, wobei als selbstverständlich angenommen wird, daß nur Stoffe von geeigneter Beschaffenheit zur Verwendung gelangen.

1. Bagger.

a) Eimerbagger.

Tabelle 86.

Type	NE I	E II	B	E III	A	O	C	F
	g	g	g	g	g	g	g	g
Zylinderöl	350	220	200	160	150	135	100	65
Maschinenöl	450	300	280	240	225	200	150	100
Kompressorenöl	40	30	30	—	—	—	—	—
Staufferfett	60	50	50	45	40	40	40	35
Putzöl	25	25	25	25	25	20	20	15
Putzwolle	30	30	30	30	30	25	25	20

Tabelle 87.

1 PS = 0,736 kW   1 kW = 1,36 PS

kW ← PS	kW → PS		kW ← PS	kW → PS		kW ← PS	kW → PS		kW ← PS	kW → PS	
0,74	1	1,36	37,5	51	69,4	74,3	101	137	111	151	205
1,47	2	2,72	38,3	52	70,7	75,1	102	139	112	152	207
2,21	3	4,08	39,0	53	72,1	75,8	103	140	112	153	208
2,94	4	5,44	39,7	54	73,4	76,5	104	141	113	154	209
3,68	5	6,80	40,5	55	74,8	77,3	105	143	114	155	211
4,42	6	8,16	41,2	56	76,2	78,0	106	144	114	156	212
5,15	7	9,52	42,0	57	77,5	78,8	107	146	115	157	214
5,89	8	10,88	42,7	58	78,9	79,5	108	147	116	158	215
6,62	9	12,24	43,4	59	80,2	80,2	109	148	117	159	216
7,36	10	13,60	44,2	60	81,6	81,0	110	150	118	160	218
8,10	11	15,00	44,9	61	83,0	81,7	111	151	119	161	219
8,83	12	16,30	45,6	62	84,3	82,4	112	152	120	162	221
9,57	13	17,70	46,4	63	85,7	83,2	113	154	120	163	222
10,30	14	19,00	47,1	64	87,0	83,9	114	155	121	164	223
11,00	15	20,40	47,8	65	88,4	84,6	115	156	122	165	224
11,80	16	21,80	48,6	66	89,8	85,4	116	158	122	166	226
12,50	17	23,10	49,3	67	91,1	86,1	117	159	123	167	228
13,20	18	24,50	50,0	68	92,5	86,8	118	160	124	168	229
14,00	19	25,80	50,8	69	93,8	87,6	119	162	125	169	230
14,70	20	27,20	51,5	70	95,2	88,3	120	163	125	170	231
15,50	21	28,60	52,3	71	96,6	89,1	121	165	126	171	232
16,20	22	29,90	53,0	72	97,9	89,8	122	166	127	172	234
16,90	23	31,30	53,7	73	99,3	90,5	123	167	127	173	235
17,70	24	32,60	54,5	74	100,6	91,3	124	169	128	174	236
18,30	25	34,00	55,2	75	102,0	92,0	125	170	129	175	238
19,10	26	35,40	55,9	76	103,4	92,7	126	171	129	176	239
19,90	27	36,70	56,7	77	104,7	93,5	127	173	130	177	241
20,60	28	38,10	57,4	78	106,1	94,2	128	174	131	178	242
21,30	29	39,40	58,1	79	107,4	94,9	129	175	132	179	243
22,10	30	40,80	58,9	80	108,8	95,7	130	177	132	180	245
22,80	31	42,20	59,6	81	110,2	96,4	131	178	133	181	246
23,60	32	43,50	60,4	82	111,5	97,2	132	180	134	182	248
24,30	33	44,90	61,1	83	112,9	97,9	133	181	134	183	249
25,00	34	46,20	61,8	84	114,2	98,6	134	182	135	184	250
25,80	35	47,60	62,6	85	115,6	99,4	135	184	136	185	252
26,50	36	49,00	63,3	86	117,0	100	136	185	136	186	253
27,20	37	50,30	64,0	87	118,3	101	137	186	137	187	255
28,00	38	51,70	64,8	88	119,7	102	138	188	138	188	256
28,70	39	53,00	65,5	89	121,0	102	139	189	139	189	257
29,40	40	54,40	66,2	90	122,4	103	140	190	140	190	258
30,20	41	55,80	67,0	91	123,8	104	141	192	141	191	259
30,90	42	57,10	67,7	92	125,1	104	142	193	142	192	261
31,60	43	58,50	68,4	93	126,5	105	143	195	142	193	262
32,40	44	59,80	69,2	94	127,8	106	144	196	143	194	263
33,10	45	61,20	69,9	95	129,2	107	145	197	144	195	265
33,90	46	62,60	70,7	96	130,6	107	146	199	144	196	266
34,60	47	63,90	71,4	97	131,9	108	147	200	145	197	268
35,30	48	65,30	72,1	98	133,3	109	148	201	146	198	269
36,10	49	66,60	72,9	99	134,6	110	149	203	147	199	270
36,80	50	68,00	73,6	100	136,0	110	150	204	147	200	272

b) Löffelbagger und c) Greifbagger.

Tafel 88.

Modell bzw. Größe	Löffelbagger					Greifbagger	
	G	F 2	F 1	E	C 2	E	C 1
	g	g	g	g	g	g	g
Zylinderöl	140	110	90	80	70	80	70
Maschinenöl	170	130	110	100	85	100	85
Staufferfett	50	40	40	35	35	35	35
Putzöl	50	40	40	35	35	35	35
Putzwolle	50	40	40	35	35	35	35

2. Lokomotiven.

Tabelle 89.

Spurweite	600 mm			750 mm			900 mm			
Leistung in PS	35	45	55	45	55	70	100	140	160	200
	g	g	g	g	g	g	g	g	g	g
Zylinderöl	40	50	60	50	60	70	90	100	100	110
Maschinenöl	70	80	95	80	95	120	145	170	175	200
Putzöl	15	15	15	15	15	18	20	20	20	20
Putzwolle	20	20	20	20	20	25	25	30	30	30

3. Lokomobilen.

Tabelle 90.

Leistung in PS	15	20	28	40	50	68	100	120	150
	g	g	g	g	g	g	g	g	g
Zylinderöl	45	60	75	80	100	130	180	220	270
Maschinenöl	70	90	110	120	150	160	220	270	330
Staufferfett	—	—	—	—	—	15	20	25	30
Putzöl	15	15	15	20	20	25	30	30	30
Putzwolle	20	20	20	25	25	30	35	35	35

Bei den mit Heißdampf arbeitenden Maschinen tritt an Stelle des gewöhnlichen Zylinderöls das Heißdampf-Zylinderöl.

4. Rollwagen.

Der Verbrauch an Rollwagenöl schwankt sehr stark je nach der Art der Lager. Als guten Mittelwert kann man annehmen pro Tag:

bei 600 mm Spurwagen 50 g
„ 750 „ „ 60—70 g
„ 900 „ „ 80—100 g

D. Wasser.

Der Gesamtwasserverbrauch einer Baustelle setzt sich zusammen aus Speisewasser, Kühlwasser und Gebrauchswasser für Werkplatz und Wohlfahrtseinrichtungen.

Im allgemeinen rechnet man, daß 1 kg gute Kohle etwa 7,5 kg Wasser verdampft. Im Baubetrieb treten jedoch zu diesen Mengen noch Verluste aller Art, und es hat sich deshalb praktisch ergeben, daß man der Wirklichkeit am nächsten kommt, wenn man für die Ermittlung des

Wasserbedarfes der Maschinen deren Kohlenverbrauch vervielfältigt mit der Zahl 10.

Dieser Berechnungsmodus gilt natürlich nur für gewöhnliche Kessel. Sind auf einer Baustelle auch Lokomobilen mit Kondensation in Betrieb, so ist für diese der Wasserbedarf gesondert aufzustellen, wobei man ausgehen kann von einem durchschnittlichen Verbrauch von etwa 200 l pro PS-Stunde.

Den Kühlwasserbedarf bei Betrieb von Benzolmotoren erhält man hinreichend genau unter Zugrundelegung einer Menge von 25 l pro PS-Std.

Die Gebrauchswassermenge für Werkplatz und Wohlfahrtseinrichtungen wird am besten von Fall zu Fall überschlägig geschätzt, indem pro Kopf der gesamten Belegschaft und Tag etwa 20 l und für die in den Baracken untergebrachten Leute noch weitere 20 l angenommen werden.

VI. Eigentliche Kostenberechnung.

Nachdem die in den Abschnitten I—V behandelten Vorfragen für das zu veranschlagende Objekt geklärt sind, kann zur Kostenberechnung selbst geschritten werden.

Dieselbe zerfällt in zwei Hauptteile:

A. die Kosten, welche auf die Gesamtheit der Leistungen umzulegen sind, und

B. die Kosten für die betreffende Einzelposition des Leistungsverzeichnisses.

Leider sind die Verhältnisse immer noch zu wenig stabil, um zu dem Vorkriegsakkordverfahren mit festen Einheitspreisen zurückzukehren, und es wird von den meisten Auftraggebern deshalb nach wie vor verlangt, daß die Einheitspreise in eine Reihe von Bestandteilen zerlegt werden, die es gestatten, den Konjunkturschwankungen usw. Rechnung zu tragen.

In Berücksichtigung dieses Umstandes soll in den folgenden Ausführungen die Entwicklung der Einheitspreise ausgeschieden in jene 4 Hauptgruppen gegeben werden, die in derartigen Fällen ziemlich allgemein wiederkehren, nämlich:

a) Lohnanteil,
b) Frachtanteil,
c) Materialanteil,
d) Unkosten- und Gewinnanteil.

A. Kosten, welche auf die Gesamtheit der Leistungen umzulegen sind.

Dieselben setzen sich zusammen:

1. Im Lohnanteil aus:

den Gehältern für das auf der Baustelle beschäftigte Personal,

den Löhnen für allgemeine Arbeiten, welche z. B. anfallen am Entladebahnhof, beim Transport von Bau- und Betriebsstoffen vom Entladebahnhof zur Baustelle und auf dem Werkplatz (Büro, Magazin, Baracken, Wächter, Wasserleitung, Heizung und Beleuchtung) und

den sog. sozialen Lasten, die auf diese Ausgaben treffen.

2. Im Materialanteil aus den Aufwendungen für Brennstoffe bzw. elektrischen Strom und Schmier- und Putzmittel für die Lastkraftwagen oder auch Bahnhofsmaschinen, Wasserversorgung, Heizung und Beleuchtung.

3. Im Unkosten- und Gewinnanteil aus

der Verzinsung der Magazinausstattung,

der Verzinsung und Abschreibung der Entladevorrichtungen usw. am Bahnhof, der Transportmittel für die Verbringung der Bau- und Betriebsstoffe vom Bahnhof zur Baustelle, der Wasserversorgungs-, Heizungs- und Beleuchtungsanlagen sowie des Büros und der Wohlfahrtseinrichtungen und

den Platzmieten, Geländepachten und sonstigen Gebühren.

1. Lohnanteil.

a) Gehälter.

Hierher gehören die Aufwendungen für Bauleiter, Ingenieure, Bauführer, Techniker, kaufmännisches Personal und Hilfskräfte im Büro der Baustelle selbst sowie gegebenenfalls auch außerhalb derselben, sofern sich die Verwendung ausschließlich auf Arbeiten für die Baustelle beschränkt.

Bei der Festsetzung der Beschäftigungsdauer für die einzelnen Beamten ist zu beachten, daß dieselbe je nach der Art des Vertrages und dem Abrechnungsverfahren unter Umständen erheblich länger sein wird als die eigentliche Bauzeit.

b) Löhne für allgemeine Arbeiten.

Hierher gehören die Lohnaufwendungen:

1. für das am Entladebahnhof zum Ausladen und Stapeln von Bau- und Betriebsstoffen aller Art und evtl. Wiederaufladen für den Transport zur Baustelle während der Dauer der Bauzeit ständig verwendete Personal. Die Stärke dieser Mannschaft richtet sich nach der Menge der durchschnittlich pro Tag einlaufenden Bau- und Betriebsstoffe, und man kann rechnen, daß 1 Vorarbeiter mit 8 Mann unter der Voraussetzung, daß der größte Teil der einlaufenden Güter direkt auf die Transportwagen umgeladen werden kann und nur ein geringer Bruchteil gestapelt und später wieder aufgeladen werden muß, in 8 Stunden etwa 40 t zu bewältigen vermag.

2. für den Transport der Bau- und Betriebsstoffe vom Entladebahnhof zur Baustelle.

Für große Baustellen wird man stets danach trachten, für den Transport eine Rollbahnverbindung herzustellen, und nur, wenn dies gar nicht zu machen ist, wird man evtl. auf Lastwagen zurückgreifen.

Im ersteren Falle werden an dieser Stelle die Löhne für Lokomotivführer, Heizer und etwa notwendige Bremser sowie bei großen Entfernungen das zur Unterhaltung der Gleislage erforderliche Personal verrechnet, in letzterem Falle die Bezüge der Lastkraftwagenführer und Mitfahrer.

Bei Rollbahnbetrieb wird im allgemeinen eine Bahnhofsmaschine ausreichen; bei Lastkraftwagenbetrieb ist die Anzahl der notwendigen Züge jeweils auf Grund der abzutransportierenden Mengen und der Wegverhältnisse zu ermitteln.

3. für das auf dem Werkplatz mit sog. allgemeinen Arbeiten beschäftigte Personal.

Dazu zählen die in Büro und Magazin beschäftigten Leute, soweit dieselben nicht Gehaltsempfänger sind, die Barackenwärter, Nacht- und Sonntagswachen und endlich das mit Arbeiten für die Wasserversorgung, Heizung und Beleuchtung beschäftigte Personal und die Meßgehilfen.

Die Zahl der für die Erledigung dieser Arbeiten notwendigen Leute richtet sich ganz nach der Größe der Baustelle und den örtlichen Verhältnissen und kann nur von Fall zu Fall festgesetzt werden.

c) Soziale Lasten.

Hierunter sind zu verstehen die Anteile des Arbeitgebers an den Beiträgen zur Krankenkasse, zur Erwerbslosenfürsorge, zur Invalidenversicherung, zur Angestelltenversicherung und zur Berufsgenossenschaft.

1. Beiträge zur Krankenkasse. Nach § 381 der Reichsversicherungsordnung (R.V.O.) haben die Versicherungspflichtigen $^2/_3$, ihre Arbeitgeber $^1/_3$ der Beiträge für die Krankenversicherung zu zahlen.

Maßgebend für die Höhe der Beiträge ist der Grundlohn, d. i. das durchschnittliche Tagesentgelt in den verschiedenen Lohnstufen.

Nach § 389 der R.V.O. in der Fassung vom 22. Juni 1920 (R.G.Bl. I, S. 1074) dürfen die Beiträge im Rahmen der Satzung der Krankenkasse bis zu 10% des Grundlohnes betragen.

Erhebungen des Beton- und Tiefbau-Wirtschaftsverbandes E.V. haben ergeben, daß die Beitragssätze der Krankenkassen in den einzelnen Orten zur Zeit etwa zwischen 5 und 9% des Grundlohnes bzw. des tatsächlich verdienten Arbeitsentgeltes liegen.

Bei der Abführung der Beiträge ist zu beachten, daß durch das Gesetz zur Erhaltung leistungsfähiger Krankenkassen vom 27. März 1923 die früher maßgebenden gesetzlichen Bestimmungen über die Bemessung der Grundlöhne insofern eine Änderung erfahren haben, als neuerdings die Festsetzung des Grundlohnes im Betrage des auf den Kalendertag entfallenden Teils des Arbeitsentgeltes im Durchschnitt jeder Lohnstufe vorgenommen werden muß.

Die Betriebskrankenkassen großer Bauunternehmungen haben diesen Umstand sowie die Tatsache, daß fast durchwegs nur an 6 Tagen der Woche gearbeitet wird, in der Weise berücksichtigt, daß sie für die Praxis den Kalendertagesverdienst jeder Lohnstufe auf den Wochentages- und Stundenlohnverdienst entsprechend umgerechnet haben.

Bei den allgemeinen Ortskrankenkassen ist dies jedoch nicht der Fall, und man muß hier den veränderten Verhältnissen dadurch Rechnung tragen, daß man die einschlägige Lohnstufe jeweils unter Zugrundelegung des normalen Wochenverdienstes ermittelt.

Zur Erläuterung möge folgendes Beispiel dienen:

Die Allgemeine Ortskrankenkasse München-Stadt legt ihren Beitragserhebungen nachstehende Tabelle zugrunde:

| Lohn-stufe | Entgelt in Goldmark | | | Grund-lohn | Beiträge pro Woche in Goldmark | |
| | auf den Kalendertag | auf die Woche | auf den Monat | | zur Kranken-ver-sicherung 8% | zur Erwerbs-losen-fürsorge 2% |
				M.	M.	M.
1 a	Lehrlinge und Lehrmädchen ohne Entgelt			—.75	—.28	—.06
1 b	bis 1.—einschl.	bis 7.—einschl.	b. 30.—einschl.	—.75	—.42	—.12
2	mehr als 1.— bis 2.—	mehr als 7.— bis 14.—	mehr als 30.— bis 60.—	1.50	—.84	—.22
3	mehr als 2.— bis 3.—	mehr als 14.— bis 21.—	mehr als 60.— bis 90.—	2.50	1.41	—.36
4	mehr als 3.— bis 4.—	mehr als 21.— bis 28.—	mehr als 90.— bis 120.—	3.50	1.98	—.50
5	mehr als 4.— bis 5.—	mehr als 28.— bis 35.—	mehr als 120.— bis 150.—	4.50	2.52	—.64
6	mehr als 5.—	mehr als 35.—	mehr als 150.—	5.50	3.09	—.78

Hat nun 1 Mann nur 1 Tag gearbeitet und dabei $8 \cdot 0.68 = 5.44$ M. verdient, so könnte bei oberflächlicher Behandlung die Meinung bestehen, der Mann sei in Lohnstufe 6 einzureihen.

Dies wäre jedoch nur richtig, wenn nach der Art der Beschäftigung anzunehmen ist, daß dieses Entgelt an 7 Tagen der Woche verdient wird (z. B. bei Nachtwächtern).

Handelt es sich dagegen um Ausübung einer Beschäftigung, welche normal lediglich an den 6 Arbeitstagen verrichtet wird, so ist für die Einstufung unter allen Umständen auszugehen vom Wochenverdienst, d. i. in diesem Falle $48 \cdot 0.68 = 32.64$ M. Die Einreihung hat also in Lohnstufe 5 zu erfolgen.

2. Beiträge zur Erwerbslosenfürsorge. Die Beiträge für die Erwerbslosenfürsorge werden erst seit dem 1. November 1923 erhoben.

Nach § 3 der Verordnung über die Aufbringung der Mittel für die Erwerbslosenfürsorge vom 13. Oktober 1923 (R.G.Bl. I, S. 946) haben die Arbeitgeber und die Arbeitnehmer die Beiträge für die Erwerbslosenfürsorge je zur Hälfte zu tragen.

Die Beiträge dürfen gemäß der die vorgenannte Verordnung abändernden Verordnung vom 13. Februar 1924 (R.G.Bl. I, S. 124) im allgemeinen 3% des Grundlohnes nicht übersteigen, doch kann unter Umständen der Reichsarbeitsminister einen höheren Hundertsatz des Grundlohnes zulassen (Artikel 2 der V.O.)

Hinsichtlich der Bestimmung der Lohnstufe gilt das bei der Krankenkasse Gesagte.

3. Beiträge zur Invalidenversicherung. Nach § 1387 Abs. 2 der R.V.O. haben der Arbeitgeber und der Versicherte die Beiträge für die Invalidenversicherung zu gleichen Teilen aufzubringen.

Durch die Verordnung über Beiträge und Leistungen der Angestellten- und Invalidenversicherung vom 16. April 1924 (R.G.Bl. I,

S. 405) sind die Lohnklassen nach der Höhe des wöchentlichen Arbeits-
verdienstes gemäß § 1245 R.V.O., sowie die Beiträge wie folgt geregelt:

	Wöchentlicher Arbeitsverdienst		Gesamt-beitrag	Arbeitgeber-anteil
Klasse 1	bis zu 10.— GM.		0.20 GM.	0.10 GM.
„ 2	von mehr als 10.— GM. „ „ 15.— „		0.40 „	0.20 „
„ 3	„ „ „ 15.— „ „ „ 20.— „		0.60 „	0.30 „
„ 4	„ „ „ 20.— „ „ „ 25.— „		0.80 „	0.40 „
„ 5	„ „ „ 25.— „		1.— „	0.50 „

Die Bauarbeiter gehören je nach der Höhe des Stundenlohnes den
Klassen 3, 4 und 5 an.

4. Beiträge zur Angestelltenversicherung. Nach § 170 des
Reichsversicherungsgesetzes für Angestellte haben die Arbeitgeber und
die Versicherten die Beiträge für die Angestelltenversicherung zu gleichen
Teilen aufzubringen.

Durch die oben angeführte Verordnung vom 16. April 1924 sind die
Gehaltsklassen und Monatsbeiträge festgesetzt wie folgt:

	Monatsgehalt		Gesamtbeitrag	Arbeitgeber-anteil
Klasse A	bis 50.— GM.		1.50 GM.	0.75 CM.
„ B	von 50.— GM. „ 100.— „		3.— „	1.50 „
„ C	„ 100.— „ „ 200.— „		6.— „	3.— „
„ D	„ 200.— „ „ 300.— „		9.— „	4.50 „
„ E	über 300.— „		12. „	6.— „

5. Beiträge zur Berufsgenossenschaft. Die Beiträge für die
Berufsgenossenschaft sind gemäß § 731 der R.V.O. durch die Unternehmer im Umlageverfahren aufzubringen.

Die Berufsgenossenschaft veranlagt die Betriebe nach einem von
5 zu 5 Jahren nachzuprüfenden und vom Reichsversicherungsamt zu ge-
nehmigenden Gefahrtarif, dessen Gefahrziffern aus dem Verhältnis der
auf die einzelnen Gefahrklassen nachgewiesenen Lohnsumme zu den entsprechenden Rentenlasten ermittelt sind. Die Gefahrziffern sind zugleich der theoretisch aus der Statistik sich ergebende Beitrag für je
1000 M. Lohn.

Für den tatsächlich zu zahlenden Beitrag sind die Gefahrziffern noch
mit einem Beiwert zu multiplizieren, der alljährlich nach dem Geld-
bedarf der Berufsgenossenschaft wechselt und der für die Zeit seit Einführung der neuen Gefahrziffern, d. i. 1910, ersichtlich ist aus folgender
Zusammenstellung.

Jahr	1910	1911	1912	1913	1914	1915	1916	1917	1918	1919	1920	1921	1922	Mittel
Beiwert .	1,3	1,1	1,1	1,15	1,3	1,4	1,4	1,2	1,2	1,2	1,0	1,0	1,5	1,22

Dieser Beiwert, auch Beitragsziffer genannt, würde stabil bleiben,
wenn in den einzelnen Jahren die Lohnsumme zu dem umzulegenden
Betrag im gleichen Verhältnis stehen würde; steigt dagegen der umzu-
legende Betrag und die Lohnsumme fällt, so wird selbstverständlich die
Beitragsziffer eine höhere, während sie umgekehrt eine niedrigere wird.

Der zur Zeit gültige Gefahrtarif lautet folgendermaßen:

Abschnitt I. Zuteilung der Betriebe.

Gefahr-klasse	Bezeichnung der Betriebsarten und Betriebstätigkeiten	Gefahr-ziffer
	Erste Gruppe. Laufende Arbeiten im Eigenbetriebe von staatlichen Behörden, Kreisverwaltungen, Gemeinden, Gemeindeverbänden oder anderen öffentlichen Körperschaften. A. Bei staatlichen Behörden, Kreisverwaltungen, Gemeindeverbänden, öffentlichen Körperschaften und bei Landgemeinden bis zu 5000 Einwohnern:	
1	Reinigung und Unterhaltung von Straßen, Wegen, Gräben, Rohrleitungsanlagen; Unterhaltung von Deichen und Wasserläufen mit den zugehörigen Bauwerken und Uferbefestigungen sowie Bedienung von Schleusen, Wehren, Schöpfwerken oder sonstigen Anlagen, einschließlich Anfuhr oder Bearbeitung der dazu erforderlichen Baustoffe und einschließlich ihrer Gewinnung in Kies- und Sandgruben oder Steinbrüchen sowie einschließlich der dabei etwa vorkommenden Sprengarbeiten	8,0
2	Reinigung und Unterhaltung von Straßen, Wegen, Gräben, Rohrleitungsanlagen, Wasserläufen, Deichen und Uferbefestigungen mit den zugehörigen Bauwerken, einschließlich Anfuhr der dazu erforderlichen Baustoffe, jedoch ohne deren Gewinnung und Bearbeitung	5,0
	B. Bei Landgemeinden mit mehr als 5000 Einwohnern und in Städten:	
3	Reinigung und Unterhaltung von Straßen, Wegen, Gräben, Wasserläufen und Wasserleitungs- oder sonstigen Rohrleitungsanlagen sowie Kanalisations-, Kläranlagen (einschließlich deren Betrieb), Deichen, Brücken, Uferbefestigungen und ähnlichen baulichen Anlagen, einschließlich Anfuhr oder Bearbeitung der dazu erforderlichen Baustoffe und einschließlich ihrer Gewinnung in Kies- und Sandgruben oder Steinbrüchen sowie einschließlich der dabei etwa vorkommenden Sprengarbeiten. Müll- und Fäkalienabfuhr	10,0
	Bei getrennter Verwaltung auch zulässig:	
4	Reinigung von Straßen, Wegen, Gräben, Wasserläufen, Kanalisationsanlagen oder sonstigen baulichen Anlagen für sich allein. Müll- und Fäkalienabfuhr	5,0
5	Unterhaltung von Straßen, Wegen und den sonstigen bei Gefahrklasse 3 genannten Anlagen für sich allein, einschließlich Anfuhr oder Bearbeitung der dazu erforderlichen Baustoffe und einschließlich ihrer Gewinnung in Kies- und Sandgruben oder Steinbrüchen sowie einschließlich der dabei etwa vorkommenden Sprengarbeiten . .	10,0
	Anmerkung: Neubauten rechnen nicht in diese Gruppe. Für sie muß jedesmal eine besondere Anmeldung erfolgen; die Löhne sind gesondert nachzuweisen.	
	Zweite Gruppe. Wege- und Straßenbauten.	
6	Bau von Wegen, Straßen und Plätzen mit Verwendung von Handgeräten, Karren, Kähnen, Fuhrwerk oder Pferdewalze, einschließlich der zugehörigen Steinschlag-	

Gefahr-klasse	Bezeichnung der Betriebsarten und Betriebstätigkeiten	Gefahr-ziffer
	herstellung, Findlingsgräberei, Rodung und Herstellung von Durchlässen; auch die Erdarbeiten oder die Beschotterungsarbeiten ohne Walzbetrieb für sich allein (siehe auch Gefahrklasse 7 und 7a)	7,5
7	Wie vor, jedoch einschließlich der Herstellung von Rohrleitungen	10,5
7a	Wie bei 6 oder 7, jedoch mit Spreng-, Fels- oder Steinbrucharbeiten	18,0
8	Wie bei 6, jedoch mit Verwendung von Rollwagen auf Gleis, aber ohne maschinelle Einrichtungen; einschließlich der Herstellung von Rohrleitungen, der zugehörigen Einzelbauwerke und des Werkstättenbetriebs. Beschotterungsarbeiten und Walzen mit Pferdebetrieb für sich allein, auch mit Steinschlagherstellung	13,0
8a	Wie vor, jedoch mit Spreng-, Fels- oder Steinbrucharbeiten	21,5
9	Wie bei 8, jedoch mit Lokomotiv-, Dampfwalzen- oder sonstigem Maschinenbetrieb; auch Dampfwalzenbetrieb für sich allein	13,5
9a	Wie vor, jedoch mit Fels-, Spreng- oder Steinbrucharbeiten	15,5

Dritte Gruppe.

Eisenbahnbauten, Kanal-, Hafen-, Fluß- und sonstige Wasserbauten; Tunnel- und Festungsbauten; Einzelbauwerke; Gründungen aller Art.

Gefahr-klasse	Bezeichnung der Betriebsarten und Betriebstätigkeiten	Gefahr-ziffer
10	Erdarbeiten zu Bahnbauten, Kanal-, Hafen-, Fluß- oder sonstigen Wasserbauten mit Verwendung von nur kleinem Handgerät — Hacke, Schaufel — oder von Schiebkarren, Fuhrwerk, kleinen Handkähnen, Prahmen, Handbaggern usw.; einschließlich der Herstellung der zugehörigen Bauwerke, wie Durchlässe und Trockenmauern, sofern diese nur einen unwesentlichen Teil der Gesamtlöhne erfordern; alles ausschließlich Spreng- oder Felsarbeiten	5,5
11	Wie vor, jedoch mit Verwendung von Kippwagen oder maschinellen Einrichtungen zum Lösen, Be- und Entladen sowie zum Befördern der Massen; auch mit Fels-, Spreng- oder Steinbrucharbeiten; einschließlich der Herstellung der zugehörigen Bauwerke, des Oberbaues sowie des Werkstättenbetriebes; auch Naßbaggerung für sich allein	17,5
12	Erdarbeiten zu Bahnbauten, nur mit Verwendung verwaltungsseitig gestellter und bedienter Betriebsbauzüge oder Bahnwagen . . . . (Bei Mitvorkommen anderer Beförderungsmittel oder bei Vorkommen von Fels- und Sprengarbeiten oder in Verbindung mit Oberbauarbeiten greifen die Gefahrklassen 11 und 14 Platz.)	13,0
13	Tunnel-, Stollen- und Schachtbauten, jedoch nicht im Bergwerksbetriebe	22,0
14	Eisenbahnoberbau und Straßenbahnoberbau, einschließlich Unterhaltungsarbeiten, Materialbeförderung und Einebnungsarbeiten mit kleinem Handgerät	13,0
15	Festungsbauten: Bau von Forts, Unterstandsräumen, Erdwerken, Schützengräben usw.	12,5

Gefahr-klasse	Bezeichnung der Betriebsarten und Betriebstätigkeiten	Gefahr-ziffer
16	**Ufer-, Böschungs- und Sohlenbefestigungen** an und in Wasserläufen für sich allein, wie Rasenbefestigungen, Faschinenwerke, Steinschüttungen und Abpflasterungen; jedoch ohne maschinelle Einrichtungen (mit diesen: Gefahrklasse 11 oder 17). Werben und Herstellen von Faschinen	9,5
17	**Einzelbauwerke für Tiefbau** aus Holz, Eisen, Mauerwerk, Beton oder Eisenbeton; Gründungen für Bauwerke aller Art; einschließlich der Fels-, Spreng- oder Steinbrucharbeiten, der anschließenden Erdarbeiten sowie des Werkstättenbetriebs. Hierher gehören z. B. Brücken, Schleusen, Wehre, Talsperren, Behälter, Stützmauern, Rammarbeiten, Pfahlgründungen, Grundwassersenkungen und Abdichtungen von Grundmauerwerk	17,0
18	**Wie vor, jedoch bei Ausführung unter** bestehenden Eisenbahnen oder anderen Verkehrswegen und Flußläufen .	19,5
19	**Arbeiten unter Preßluft und Taucherarbeiten** . .	45,0
	Vierte Gruppe.	
	Kulturtechnische, Einebnungs-, Ausschachtungs- und ähnliche Erdarbeiten.	
20	Reine Felddränierungen	2,5
21	**Erdarbeiten ohne oder mit** nur ausnahmsweiser (zu Nebenarbeiten) Verwendung von Karren oder Fuhrwerk. Hierher gehören insbesondere: Umgrabungen, Vorflutanlagen, Einebnungen, Abschachtungen, Rieselfeld-, Graben- und Gartenanlagen, Teich-, Schießstand-, Deich- und ähnliche Bauten	4,0
22	Wie vor, jedoch mit Verwendung von Karren, Fuhrwerk, Pflug oder sonstigem Handgerät; auch in Verbindung mit kleinen Maurer- und Betonierungsarbeiten oder mit Spreng- oder Felsarbeiten. Beförderung von Massen für sich allein	9,0
23	Wie bei 22, jedoch mit Verwendung von Rollwagen auf Gleis, aber ohne Verwendung maschineller Einrichtungen. Wiesenbesandungs-, Bemergelungs- oder Rodungsarbeiten sowie Holzfällarbeiten für sich allein, ohne Spreng- oder Felsarbeiten	11,5
23a	Wie vor, jedoch mit Spreng- oder Felsarbeiten	18,5
24	Wie bei 23, jedoch mit Verwendung von Lokomotiven, Betriebsbauzügen oder sonstigen maschinellen Einrichtungen, auch mit Spreng- oder Felsarbeiten	14,5
25	**Ausschachtungen für Keller,** Gebäude- oder sonstige Fundamente, Gräber, Bodenuntersuchungen (auch mit Bohrgerät) usw. bei mehr als 1,5 m Tiefe, einschließlich etwaiger einfacher Beton- und Maurerarbeiten sowie mit Spreng- oder Felsarbeiten (Ausschachtungen von nicht mehr als 1,5 m Tiefe rechnen zu den Gefahrklassen 21—24)	17,0
	Fünfte Gruppe.	
	Kabelverlegungsarbeiten, Gas-, Wasser-, Kanalisations- und ähnliche geschlossene Leitungen.	
26	**Kabelverlegungsarbeiten;** auch die hierzu erforderlichen Erd- und Betonarbeiten für sich allein	8,5

Gefahr-klasse	Bezeichnung der Betriebsarten und Betriebstätigkeiten	Gefahr-ziffer
27	Gas-, Wasser-, Kanalisations- und ähnliche geschlossene Leitungen bei Herstellung in offener Baugrube und sofern die Tiefe der Gräben im Rohrnetz 1,75 m oder der lichte Durchmesser 200 mm nicht übersteigen. Hausinstallationen aller Art (Bei Benutzung maschineller Einrichtungen greift Gefahrenklasse 28 Platz)	9,5
28	Wie vor, jedoch mit Rohrgrabentiefen von mehr als 1,75 m oder lichten Rohrdurchmessern von mehr als 200 mm. Wasserschürfungsarbeiten	13,0
	Anmerkung: Die Klassen 27 und 28 umfassen sowohl die Herstellung ganzer Werke, also einschließlich der Behälter, Brunnen, Quellfassungsbauten, Pumpstationen usw., als auch die Ausführung der Rohrgräben oder der Rohrverlegungen für sich allein.	

Sechste Gruppe.
Betriebe verschiedener Art.

Gefahr-klasse	Bezeichnung der Betriebsarten und Betriebstätigkeiten	Gefahr-ziffer
29	Fuhrwerks- und Kraftwagenbetriebe	23,0
30	Abbruch von Tiefbauten, einschließlich der Aufräumungsarbeiten	38,0
31	Brunnenbauten und Bohrungen für Wasserversorgung	27,0
32	Steingewinnung in Brüchen. Stein, Stubben- usw. Sprengerei für sich allein	33,5
33	Steinbearbeitung, Steinschlagherstellung und sonstige Steinhauerarbeiten für sich allein	16,5
34	Kies-, Sand-, Ton-, Mergel- oder Torfgewinnung und Findlingsgraberei ohne Sprengarbeiten	16,5
35	Lagerplatzarbeiten und Werkstättenbetriebe, die nicht zu einer bestimmten Bauart gehören	10,5
36	Anfertigung von Zement- und Eisenbetonwaren für Bauten (Rohre, Pfähle, Platten usw.) sowie von Kunststeinen	7,5
37	Herstellung elektrischer Freileitungen; auch Mastenstellen für sich allein, einschließlich der Erd- und Betonarbeiten	20,0

Siebente Gruppe.
Nebenbetriebe.

Gefahr-klasse	Bezeichnung der Betriebsarten und Betriebstätigkeiten	Gefahr-ziffer
38	Hochbauten aller Art und Teile von solchen, wie Decken, Treppen, Säulen usw.	9,0
39	Abbruch von Hochbauten, einschließlich der Aufräumungsarbeiten	80,0
40	Pflasterarbeiten und Verlegen von Straßenplatten, einschließlich Herstellung der Unterbettung, Straßenbefestigungen in Asphalt oder Beton	6,0
41	Hilfsarbeiten über Tage für Zechen, Hütten und Fabriken oder diesen ähnliche Anlagen	10,0

Achte Gruppe.
Betriebsbeamte.

Gefahr-klasse	Bezeichnung der Betriebsarten und Betriebstätigkeiten	Gefahr-ziffer
42	Betriebsbeamte	3,0
	Anmerkung: Schachtmeister, Baggermeister, Poliere, Lokomotiv- oder Maschinenführer usw. gehören der Gefahrklasse des Betriebes an, in dem sie beschäftigt sind.	

Abschnitt II. Besondere Bestimmungen und Erläuterungen.

1. Für alle Betriebe, die im Tarif nicht aufgeführt sind, setzt der Genossenschaftsvorstand die Gefahrziffer fest; sie darf in keinem Falle die Ziffer 100 überschreiten.

2. Bei der Zuteilung der Betriebe zu den Gefahrklassen sind der Regel entsprechende Betriebsverhältnisse und sachgemäße Einrichtungen sowie das Vorhandensein aller üblichen und der durch die Unfallverhütungsvorschriften angeordneten Schutzvorrichtungen vorausgesetzt.

3. Ergibt sich aus dem Fragebogen oder aus sonstigen Tatsachen, daß in einem Betriebe ungewöhnliche Gefahren bestehen, so kann der Vorstand die Gefahrziffer für diesen Betrieb bis zu 50% erhöhen.

Wenn wegen einer von der üblichen erheblich abweichenden Betriebsweise diejenigen Gefahren nicht vorliegen, für welche die Gefahrziffer eines Gewerbszweiges in dem Tarif berechnet ist, so ist der Vorstand ermächtigt, eine Herabsetzung oder eine Erhöhung der Gefahrziffer bis um 50% vorzunehmen.

4. Betriebe, die sich zwar aus verschiedenen, aber der Ausführung einer einheitlichen Unternehmung dienenden Betriebstätigkeiten zusammensetzen, sind einheitlich nach einer Gefahrklasse zu veranlagen und nicht nach den einzelnen Betriebstätigkeiten. Eine Ausnahme bilden die Tunnel-, Stollen- und Schachtbauten (Gefahrklasse 13) und die Preßluft- und Taucherarbeiten (Gefahrklasse 19), die stets besonders eingeschätzt werden.

5. Setzt sich ein Betrieb aus mehreren räumlich oder zeitlich getrennten selbständigen Teilbetrieben zusammen, die nach dem Tarife verschiedenen Klassen angehören, so sind die Teilbetriebe getrennt zu veranlagen, sofern besondere Lohnnachweise geführt werden können.

Für größere Erdarbeiten kommt nach diesem Tarif die Gefahrklasse 11 mit der Gefahrziffer 17,5 in Frage.

Die Berücksichtigung der sozialen Lasten bei Aufstellung der Kostenberechnungen geschieht allgemein in Form eines prozentualen Zuschlags, der für die betreffende Gegend nach folgendem für München durchgeführten Beispiel zu ermitteln ist:

Wochenlohn eines Bauhilfsarbeiters bei voller Beschäftigung

$= 48 \cdot {-}.68 = 32.64$ M.

Arbeitgeberanteil am Beitrag zur Krankenkasse . . . . $= {-}.84$ M.

   ,,   ,,   ,,   ,,   Erwerbslosenfürsorge . . . . $= {-}.32$,,

   ,,   ,,   ,,   ,,   Invalidenversicherung . . . $= {-}.50$,,

   ,,   ,,   ,,   ,,   Berufsgenossenschaft bei Gefahrklasse 11 und Beitragsziffer 1,5 = 2,56% aus 32.64 M. $= {-}.84$,,

Summa   2.50 M.

$$2.50 : 32.64 = x : 100$$
$$x = 7,67\% \, .$$

Für das Maschinenpersonal und die Facharbeiter wird der Prozentsatz etwas geringer, für die Poliere dagegen infolge ihrer Einreihung unter die Angestelltenversicherungspflichtigen höher, so daß man obigen Wert als guten Durchschnitt ansprechen darf.

2. Materialanteil.

Hierher gehören und zwar für die Dauer der eigentlichen Betriebszeit, die Ausgaben für Kohle, Schmier- und Putzmittel für die Bahnhofsmaschine bzw. bei Lastkraftwagen die Aufwendungen für Betriebsstoff Schmier- und Putzmittel, sowie Gummiverschleiß und außerdem die Auslagen für Wasserversorgung, Heizung und Beleuchtung.

Der dafür erforderliche Betrag läßt sich unter Zuhilfenahme der Ausführungen im vorigen Abschnitt auf einfache Weise errechnen.

3. Unkosten- und Gewinnanteil.

a) Verzinsung der Magazinausstattung.

Zur Erzielung eines guten Arbeitsfortschrittes ist, wie schon weiter oben erwähnt wurde, ein gut ausgestattetes Baumagazin unbedingtes Erfordernis.

Ein solches kostet natürlich viel Geld, und wenn auch die Kosten des wirklich verbrauchten Materials umgelegt werden, so ist doch nicht zu übersehen, daß ständig neu aufgefüllt werden muß, und daß dadurch ein gewisses Kapital (in den Tab. 70 und 71 unter der Rubrik Anschaffungswert aufgeführt) dauernd festgelegt ist, das verzinst werden muß.

Der Vorteil dieser Einrichtung kommt der gesamten Baustelle zugute, und der dafür aufzuwendende Betrag ist deshalb an dieser Stelle zu berücksichtigen.

b) Verzinsung und Abschreibung der Entladevorrichtungen usw.

Entladekranen. und sonstige Anlagen am Bahnhof, die Herstellung einer Feldbahnverbindung vom Entladebahnhof zum Baugelände samt den zu deren Betrieb erforderlichen Transportmitteln, zweckdienliche Einrichtungen für Wasserversorgung, Heizung und Beleuchtung und nicht zuletzt die Bereitstellung von Büroräumen und Baracken aller Art sind lauter Dinge, welche in erster Linie der Gesamtheit nützen und folglich auch auf das Gesamtobjekt umzulegen sind.

Als Anhaltspunkt für die Höhe des einzusetzenden Betrages dienen die Ausführungen im III. Abschnitt, wobei ergänzend hinzugefügt sei, daß der Wert eines großen Portalkranes etwa mit M. 5000.— angenommen werden kann und mit 12% pro Jahr abzuschreiben ist.

Die Einrichtung einer größeren Werkstätte, Stellmacherei und dgl. wird nur bei Arbeiten nötig sein, welche einen umfangreichen Maschinenpark erheischen. Die damit verbundenen Kosten werden demzufolge einfach auf die einschlägigen Einzelpositionen des Leistungsverzeichnisses verteilt.

c) Platzmieten und Geländepachten.

Dieselben sind sehr großen Schwankungen unterworfen und können für die Zwecke des Kostenvoranschlages nur schätzungsweise ermittelt werden.

d) Verteilungsschlüssel.

Erfolgt die Vergebung der Arbeiten nach dem reinen Akkordverfahren mit einem einzigen Einheitspreis für jede Position des Leistungsverzeichnisses, so wird zunächst die Gesamtsumme ohne die hier aufgeführten Kosten ermittelt und alsdann der Betrag der letzteren einfach prozentual umgelegt.

(Sind sehr viele unbedeutende Positionen im Leistungsverzeichnis enthalten, so wird man dieselben bei der Summenbildung für diesen Zweck weglassen und eine Verteilung nur auf die sog. Hauptpositionen vornehmen.)

Hat man es dagegen mit einem Vergebungsverfahren zu tun, bei welchem jeder Einheitspreis in seine wesentlichsten Bestandteile zu zerlegen ist, so wird man entweder diesem Umstand schon bei der Ermittlung der allgemeinen Kosten Rechnung tragen und dann eben die einzelnen Bestandteile nach dem oben angedeuteten Verfahren auf ihre Gruppen prozentual umlegen, oder aber man wird einfach den ganzen umzulegenden Betrag dem Unkosten- und Gewinnanteil zuschlagen. Letzterer Weg ist entschieden der empfehlenswertere.

B. Kosten für die betreffenden Einzelpositionen des Leistungsverzeichnisses.

1. Baustelleneinrichtung.

a) Antransport der Geräte.

1. **Lohnanteil.** Hierher gehören die Löhne für das Verladen der Geräte am Versandort, und man kann rechnen, daß bei Vorhandensein entsprechender Einrichtungen für das Verladen schwerer oder unhandlicher Geräte eine Verladekolonne von 1 Vorarbeiter mit 7 Mann in 8 Stunden durchschnittlich 30 t Baugeräte zu bewältigen vermag.

Die Gewichte sind aus den Tabellen des III. Abschnitts zu entnehmen.

Zu der Lohnsumme kommt dann noch der sich nach den Ausführungen auf S. 93 ff. errechnende Zuschlag für die sozialen Lasten.

Sind für das Verladegeschäft am Versandort Fuhrlöhne aufzuwenden, so sind dieselben zweckmäßig gleichfalls hier einzurechnen.

2. **Frachtanteil.** Auf Grund einer sorgfältig durchgeführten Dimensionierung des Geräteparkes sind die Gewichte aus den Tabellen des III. Abschnittes zu entnehmen.

Die Frachtberechnung kann alsdann an Hand der einschlägigen Ausführungen in diesem Abschnitt ohne weiteres erfolgen.

3. **Materialanteil.** Hier kämen höchstens die Verpackungsmaterialien, also hauptsächlich Holz in Frage; der Betrag dafür ist jedoch so unwesentlich, daß er ruhig außer acht gelassen werden kann.

4. **Unkosten- und Gewinnanteil.** Dieser Anteil umfaßt die Aufwendungen für Steuern und Versicherungen aller Art, Transportschäden, allgemeine Geschäftsunkosten und einen angemessenen Unternehmergewinn und wird im allgemeinen entweder prozentual auf die Löhne oder auch prozentual auf die gesamten Selbstkosten umgelegt.

Der Anteil der Löhne an den gesamten Selbstkosten ist im Tiefbau außerordentlich verschieden, je nachdem es sich um einfache Erdarbeiten und ähnliches ohne Verwendung besonderer maschineller Hilfsmittel handelt oder um große Betriebe, bei denen die Handarbeit gegenüber den Maschinenleistungen fast vollkommen verschwindet.

Aus diesem Grunde empfiehlt es sich, von den gesamten unmittelbaren Kosten auszugehen und darauf einen Zuschlag zu nehmen, der sich ergibt wie folgt:

für Einkommensteuer, Vermögenssteuer, Gewerbesteuer, Umsatz-
steuer, Zinsen der Rentenmark-Belastung und die verschiedenen
kleineren Abgaben. 5,50%
„ Versicherungen aller Art 0,50%
„ allgemeine Geschäftsunkosten, wie Gehälter von Direktoren
und Personal, Miete bzw. Verzinsung, Heizung, Beleuchtung
und Unterhaltung von Büro- und Lagerplätzen, Schreib-,
Zeichen- und sonstigen Geschäftsbedarf, Postausgaben, Zei-
tungen und Zeitschriften, Verbandsbeiträge, Kosten des Geldverkehrs u. dgl. mehr 14,00%
als angemessenen Gewinn je nach dem mit dem Objekt verbundenen
Wagnis . . . .   8—15,00%

insgesamt also 28—35,00%

Die wesentliche Steigerung gegenüber den früher üblichen Sätzen
von 15—20% ist hauptsächlich auf die erhöhten Steuern sowie die un-
verhältnismäßigen Kosten des Geldverkehrs zurückzuführen.

Zu diesem Prozentsatz kommt dann noch jener, welcher sich aus der
Umlegung der unter A. ermittelten Kosten ergibt, und nachdem beide
Beträge zusammen in den folgenden Ausführungen ständig wieder-
kehren, sollen sie ein für allemal kurz zusammengefaßt werden unter der
Bezeichnung:

„Zuschlag für allgemeine Unkosten und Gewinn.‟

b) Einrichtungsarbeiten.

1. **Lohnanteil.** Hierher gehören die Löhne für das Entladen der
Waggons, den Transport der Baugeräte, Werkzeuge und Baracken zur
Baustelle, das Abladen auf der Baustelle, Montagearbeiten aller Art,
Aufstellen von Bauhütten, Baubüros, Baracken und Schuppen aller Art
und endlich die als Vorbereitung dafür notwendigen Planierungs- und
Rodungsarbeiten außerhalb des eigentlichen Baugeländes.

α) Entladen der Waggons. Unter der Voraussetzung, daß für das
Ent- bzw. Umladen schwerer oder unhandlicher Stücke die nötigen
Hilfseinrichtungen (Portalkran und Kopframpe) vorhanden sind, kann
man annehmen, daß ein Vorarbeiter mit 7 Mann alles ineinandergerechnet
bei 8 Stunden täglicher Arbeitszeit einschließlich der teilweise unvermeidlichen Zwischenlagerungen durchschnittlich 30 t zu bewältigen
vermag.

β) Transport zur Baustelle. Derselbe erfolgt entweder mittels Pferde-
fuhrwerk oder Lastkraftwagen oder aber bei großen Baustellen, wenn
es irgendwie zu machen ist, unter Zuhilfenahme einer eigenen Rollbahnverbindung vom Entladebahnhof zum Baugelände.

Im ersteren Falle gehören hierher die gesamten Aufwendungen für
das Fuhrwerk einschließlich etwa notwendiger Begleitmannschaften,
und dafür können zahlenmäßige Angaben unmöglich gemacht werden.

In letzterem Falle werden an dieser Stelle zu verrechnen sein das
Lokomotivbedienungspersonal sowie ebenfalls etwa notwendige Begleitmannschaften und bei großer Länge der Bahn das zu deren ordnungs-
gemäßer Instandhaltung nötige Personal.

Die Leistungsfähigkeit einer derartigen Anlage ergibt sich aus Spurweite, Größe der Transportwagen, Stärke der Maschine(n), Richtungs-

und Steigungsverhältnissen der Bahn und Art der zu befördernden Güter.

Lokomotiven und Rollwagen können in diesem Falle als Transportgüter überhaupt außer Ansatz bleiben, und für alles übrige gilt, daß man als normale Transportgeschwindigkeit höchstens 5—6 km annehmen darf.

Grundsätzlich ist darnach zu trachten, daß die täglich einlaufenden Güter jeweils sofort abtransportiert werden, was nur geschehen kann, wenn von vornherein so disponiert wird, daß Umfang der benötigten Geräte, Entlademöglichkeiten und Entladezeit in ein richtiges Verhältnis zueinander gebracht werden.

Unter Beachtung dieser Gesichtspunkte ist festzustellen, wieviel Tonnen durchschnittlich pro Tag abzutransportieren sind, wie viele Wagen dazu benötigt werden und welche Maschinenkraft erforderlich ist, um dieselben an ihren Bestimmungsort zu verbringen.

Bei Transport von Gleisbaumaterial ist zu unterscheiden, ob einfach abgeladen wird oder ob die Maschine zum Vorstrecken am Zug verbleiben muß.

Sobald über diese Dinge Klarheit geschaffen ist, können Umfang des für den Transport benötigten Fahrparks sowie Dauer des Transports und damit die Höhe der aufzuwendenden Löhne auf einfache Weise bestimmt werden.

γ) Abladen auf der Baustelle. Diese Arbeit wird im allgemeinen von den mit der weiteren Verwendung der betreffenden Geräte usw. betrauten Leuten geleistet und ist dort mit berücksichtigt.

Sie ist nur dann besonders zu veranschlagen, wenn Material in größerem Umfange programmgemäß aus irgendwelchen Gründen zu stapeln ist, und man kann rechnen, daß 1 Vorarbeiter mit 7 Mann in 8 Stunden ca. 40—50 t zu bewältigen vermag.

δ) Montagearbeiten aller Art. Für das Abladen von den Rollwagen bzw. Fuhrwerken und die betriebsfertige Montage von gebrauchten (also nicht neuen!) Baggern und ihren Gleisen kann man bei täglich 8 Stunden Arbeitszeit die Werte nachstehender Tabellen zugrunde legen:

A. Bagger.

Tabelle 91. Eimerbagger.

Type	NE I	E II	B	E III	A	O	C	F
Baggermeister	1	1	1	1	1	1	1	1
Facharbeiter	8	7	7	6	6	5	5	4
Hilfsarbeiter	8	7	7	6	6	5	5	4
Notwendige Arbeitstage	30	24	21	20	18	15	12	10

Tabelle 92. Eimerbaggergleis.

Baggergleis	NE I	E II	B	E III	A	O	C	F
Länge . . . m	400	400	350	300	300	250	200	150
Schachtmeister	1	1	1	1	1	1	1	1
Hilfsarbeiter	20	20	20	20	18	15	12	12
Notwendige Arbeitstage	20	20	18	15	15	10	8	6

Tabelle 93. Löffelbagger und Greifbagger.

Modell bzw. Größe	Löffelbagger					Greifbagger	
	G	F 2	F 1	E	C 2	E	C 1
Baggermeister	1	1	1	1	1	1	1
Facharbeiter	5	5	5	5	5	5	4
Hilfsarbeiter	5	5	5	5	5	5	4
Notwendige Arbeitstage	12	10	8	6	6	6	4

Bei Verwendung der meist üblichen Gleisroste sind besondere Kosten hier nicht zu verrechnen; wird ausnahmsweise auf langem Gleis gebaggert, so sind dafür etwa die gleichen Beträge einzusetzen wie für das Baggergleis der Type A.

Für neue Bagger ist bei gleicher Mannschaft ungefähr die doppelte Montagezeit zu rechnen.

B. Fahrpark.

1. Wagen. Für das Zusammensetzen und Auf-das-Gleis-Bringen der Wagen kann man rechnen

für 600-mm-Spur-Wagen   1 —1$^1/_2$ Arbeitsstunden
,,   750 ,,   ,,   1$^1/_2$—2   ,,
,,   900 ,,   ,,   3 —5   ,,

2. Lokomotiven. Die betriebsfertige Herrichtung erfordert

bei 600-mm-Spur-Lokomotiven je   8 Maschinisten- und Heizerstunden
,,   750 ,,   ,,   ,,   ,,   8   ,,   ,,   ,,
,,   900 ,,   ,,   ,,   ,, 16   ,,   ,,   ,,

C. Gleisanlagen.

1. Baggergleise siehe A. Bagger.

2. Fahrgleis. Die Lohnaufwendungen für die Herstellung eines betriebsfähigen Fahrgleises sind sehr verschieden je nach der Beschaffenheit des Geländes, nach der Schwere des Gleises und dem Umstand, ob unter Zuhilfenahme einer Maschine vorgestreckt wird oder von Hand.

Der häufigste Fall ist der letztere, und es soll deshalb der Arbeitsaufwand für ihn angegeben werden unter der Annahme, daß besondere Erdarbeiten nicht zu leisten sind, sondern nur kleine Ausgleichungen von Unebenheiten und im übrigen Unterstopfen und Einfüllen mit vorhandenem Kies.

Die einzelnen Werte für die Herstellung von je 1000 m betriebsfähiger Gleislage sind bei täglich 8 Stunden Arbeitszeit aus folgender Tabelle zu entnehmen.

Tabelle 94.

Spurweite	600 mm		750 mm		900 mm	
Schienengewicht kg	12	14	20	25	25	33
Schachtmeister	1	1	1	1	1	1
Hilfsarbeiter	15	16	18	20	22	25
Notwendige Arbeitstage	40	40	40	40	40	40

Diese Werte setzen jedoch eine einigermaßen geübte Gleislegungskolonne voraus; hat man eine solche nicht zur Verfügung, so ist bei gleicher Mannschaft die notwendige Arbeitszeit um etwa 20% zu erhöhen.

Den Einbau von Weichen u. dgl. kann man als in diesen Lohnstunden eingeschlossen betrachten.

D. Sonstiges.

1. Antriebsmaschinen. Für die betriebsfertige Aufstellung fahrbarer Lokomobilen bis etwa 50 PS Leistung darf man je nach Größe 30—50 Arbeitsstunden rechnen, und wenn man eine einfache Schutzhütte darüber errichten muß, dazu noch weitere 150—200 Stunden.

Für die Montage größerer Lokomobilen mit Kondensation, wie solche hauptsächlich für elektrische Zentralen Verwendung finden, ist der Stundenaufwand ein bedeutend höherer, und man kann einschließlich aller Nebenanlagen, wie Maschinenbaracke, Fundamente, Schornstein, Rohrleitungen, Gradierwerk u. dgl., je nach Größe ungefähr 2500—4000 Arbeitsstunden annehmen.

Für die Aufstellung und den Anschluß von Elektromotoren kommen ca. 50—100 Arbeiter- bzw. Monteurstunden in Frage, eine Zahl, mit welcher man annähernd auch bei der Montage von Benzolmotoren ausreichen wird.

2. Kohlen- und Wasserversorgung. Für die Kohlen- und Wasserversorgung kann man einsetzen:

unter einfachen Verhältnissen 1 Vorarbeiter, 2—3 Monteure und 4 bis 7 Hilfsarbeiter je 50 Stunden und

unter komplizierteren Verhältnissen die gleiche Mannschaft mit der 6—10fachen Stundenzahl.

Unter einfachen Verhältnissen ist dabei zu verstehen, daß für die Kohlenversorgung nur einige verschließbare Hütten aufgestellt werden, und daß Wasser in brauchbarer Beschaffenheit überall zu haben ist, so daß lediglich die Behälter auf entsprechend hohe Gerüste verbracht und Pumpen nebst Anschlußleitungen und Zapfstellen montiert werden müssen.

Unter komplizierten Verhältnissen ist gedacht, daß eine großzügige Bekohlungsanlage geschaffen wird, daß für die Wasserversorgung erst Brunnen gegraben und größere Pumpen aufgestellt werden und endlich, daß als Verteilungsleitung von einer Hochbehälteranlage aus ein ausgedehntes Rohrnetz geschaffen werden muß, das auch den Unbilden der Witterung erfolgreich zu widerstehen vermag.

Welcher Multiplikator für den einzelnen Fall am Platze ist, bleibt Sache der richtigen Einschätzung der Verhältnisse und kann unmöglich allgemein angegeben werden.

3. Werkplatzeinrichtung. Nachdem die Bauunternehmungen in immer größerem Umfange dazu übergehen, die Baracken aller Art im Interesse der leichteren Versetzungsmöglichkeiten und erhöhten Lebensdauer aus einzelnen, zusammenschraubbaren Tafeln herzustellen, wurde diesem Umstande Rechnung getragen und für jene Baracken, bei denen diese Gepflogenheit schon eine weitere Verbreitung gefunden hat, die Werte auf dieser Grundlage angegeben.

Zur überschlägigen Berechnung der anfallenden Stunden kann man einsetzen für Aufstellung und Einrichtung:

eines **Baubüros von 50 qm Grundfläche** (in Tafeln zerlegt):
3 Facharbeiter, 3 Hilfsarbeiter je 24 Arbeitsstunden;
dgl. **von 150 qm Grundfläche** (in Tafeln zerlegt):
1 Polier, 6 Facharbeiter, 4 Hilfsarbeiter je 48 Arbeitsstunden;
eines **Baumagazins von 100 qm Grundfläche** (in Tafeln zerlegt):
1 Polier, 6 Facharbeiter, 6 Hilfsarbeiter je 48 Arbeitsstunden;
dgl. **von 250 qm Grundfläche** (in Tafeln zerlegt):
1 Polier, 6 Facharbeiter, 6 Hilfsarbeiter je 100 Arbeitsstunden;
einer **einfachen Bauhütte von etwa 10 qm Grundfläche** (in Tafeln zerlegt):
ca. 20 Arbeitsstunden;
einer **Werkstätte von 150 qm Grundfläche** einschließlich Herstellung aller Fundamente und betriebsfertigen Montage der Maschinen:
1 Polier, 1 Werkmeister, 12 Facharbeiter, 8 Hilfsarbeiter je 100 Arbeitsstunden;
dgl. **von 250 qm Grundfläche:**
1 Polier, 1 Werkmeister, 12 Facharbeiter, 8 Hilfsarbeiter je 200 Arbeitsstunden;
einer **Stellmacherei ca. 100 qm groß,** einschl. aller Nebenleistungen:
1 Polier, 6 Facharbeiter, 6 Hilfsarbeiter je 50 Arbeitsstunden;
dgl. **ca. 250 qm groß:**
1 Polier, 8 Facharbeiter, 6 Hilfsarbeiter je 100 Arbeitsstunden;
eines **Lokomotivschuppens mit ca. 150 qm Grundfläche:**
1 Polier, 6 Facharbeiter, 6 Hilfsarbeiter je 100 Arbeitsstunden;
dgl. **mit ca. 240 qm Grundfläche:**
1 Polier, 8 Facharbeiter, 8 Hilfsarbeiter je 100 Arbeitsstunden;
dgl. **mit ca. 350 qm Grundfläche:**
1 Polier, 10 Facharbeiter, 10 Hilfsarbeiter je 160 Arbeitsstunden.

4 **Wohlfahrtseinrichtungen.** Für die Kantinen und Wohnbaracken gilt das bei den Werkplatzbaracken hinsichtlich der Herstellung in zerlegbaren Tafeln Gesagte in erhöhtem Maße. Hier kann man einsetzen für Aufstellung und Einrichtung:

einer **Kantine oder Wohnbaracke ca. 120 qm groß:**
1 Polier, 6 Facharbeiter, 4 Hilfsarbeiter je 48 Arbeitsstunden;
dgl. **ca. 300 qm groß:**
1 Polier, 10 Facharbeiter, 6 Hilfsarbeiter je 100 Arbeitsstunden.

ε) **Planierungs- und Rodungsarbeiten.** Dieselben richten sich ganz nach den örtlichen Verhältnissen, und es kann hier nur auf die diesbezüglichen Ausführungen bei den Einzelpositionen verwiesen werden.

Zu der Gesamtheit dieser Lohnausgaben kommt dann noch der Zuschlag für die sozialen Lasten.

2. **Frachtanteil.** Die gesamten Frachten für den Gerätetransport sind in einer eigenen Position zusammengefaßt, und nachdem man die Kosten für die Bau- und Betriebsstoffe am zweckmäßigsten frei Baustelle bzw. Entladebahnhof zugrunde legt, sind mit Ausnahme des Abtransports der Geräte Frachten bei den einzelnen Positionen überhaupt nicht mehr zu berechnen.

3. **Materialanteil.** Hierher gehört bei Lastkraftwagentransport mit eigenen Wagen der Verbrauch an Betriebsstoffen, Schmier- und Putzmitteln sowie der Gummiverschleiß, bei Transport mittels Roll-

bahn der Verbrauch an Kohle, Schmier- und Putzmitteln für den Antransport der Geräte.

Außerdem gehört hierher der Verbrauch an Holz und Kleineisenzeug für die Gerüste und Verschalungen der Kohlen- und Wasserversorgungsanlagen sowie der elektrischen Beleuchung (Transformatorenhäuschen, Leitungsmaste), der Bohlenbedarf für die Böden der Bauhütten und Baracken, der Baustoffbedarf (Zement u. dgl.) für die Fundamente der Maschinen und beim Barackenbau etwa notwendige feste Stützpunkte u. dgl. und endlich die zur Abdeckung nötigen Mengen Dachpappe nebst Nägeln und Teer und das Material für eine etwaige Einfriedigung des Werkplatzes.

Die Massen sind nach dem Umfang der Anlagen überschlägig zu ermitteln, wobei man für die Barackenabdeckung mit etwa $1^1/_3$ qm Pappe und $1^1/_2$—2 kg Teer pro qm Grundfläche rechnen kann.

4. Unkosten- und Gewinnanteil. Dieser Anteil umfaßt die Aufwendungen für Abschreibung und Verzinsung der sämtlichen Geräte und Werkzeuge auf die Dauer der Baustelleneinrichtung, außerdem für Umzugskosten, und auf die Summe all dieser Aufwendungen zusammen (Löhne, Materialien und vorstehend ausgeschiedene Unkosten) den „Zuschlag für allgemeine Unkosten und Gewinn".

2. Bauarbeiten.

a) Erdbewegung.

1. Lohnanteil. Die Höhe der Lohnaufwendungen für Erdbewegungen ist sehr verschieden je nach der Bodenbeschaffenheit, den Transportverhältnissen und der Art der Verwendung.

Sind unter ein und derselben Position Bodenarten zu verarbeiten, welche in ihrem Verhalten oder nach ihrer Verwendung wesentlich voneinander abweichen, so sind dieselben jeweils für sich zu veranschlagen, um aus den Einzelergebnissen alsdann den durchschnittlichen Aufwand festzustellen.

Dabei können folgende Angaben benutzt werden, welche für eine Normalarbeitszeit von täglich 8 Stunden gelten:

Lösen und Laden.

    Handarbeit.

Leichter Boden:	1 Schachtmeister, 30 Mann	240 cbm
Mittelschwerer Boden:	1 „ 30 „	160 „
Schwerer Boden:	1 „ 30 „	96 „
Sehr schwerer Boden:	1 „ 30 „	60 „

    Baggerbetrieb.

Eimerbagger; Leistungen s. Tab. 6, 8 und 10—13. Normale Besetzung.

Tabelle 95.

Type	NE I	E II	B	E III	A	O	C	F
Baggermeister	1	1	1	1	1	1	1	1
Baggermaschinist . . .	1	1	1	1	1	—	—	—
Baggerheizer	1	1	1	1	1	1	1	1
An der Schüttklappe .	1	1	1	1	1	1	1	1
Schachtmeister	1	1	1	1	1	1	1	1
Hilfsarbeiter	30	30	30	24	20	15	12	8

Für elektrisch angetriebene Bagger genügt 1 Baggermeister und 1 Klappenschläger, zu denen bei den größeren Typen noch ein Schmierjunge hinzukommt.

Bei Verwendung einer Gleisrückmaschine kann bei den Typen NE I, E II und B die Hilfsmannschaft herabgesetzt werden um etwa 10 Mann. Löffelbagger und Greifbagger; Leistungen s. Tab. 7 und 9.

Normale Besetzung:

Tabelle 96.

Modell bzw. Größe	Löffelbagger					Greifbagger	
	G	F 2	F 1	E	C 2	E	C 1
Baggermeister	1	1	1	1	1	1	1
Löffelführer	1	1	1	1	—	—	—
Baggerheizer	1	1	1	1	1	(1)	—
Vorarbeiter	1	1	1	1	1	1	1
Hilfsarbeiter	8	6	5	4	4	4	4

Zur Erfassung der Überzeit- und Sonntagsarbeit (z. B. für Kesselwaschen u. dgl.) wird das Maschinenpersonal bei täglich 8 Stunden Arbeitszeit mit $9^1/_2$ Stunden und bei täglich 12 Stunden Arbeitszeit mit 14 Stunden eingesetzt.

Bei ununterbrochenem Tag- und Nachtbetrieb empfiehlt sich die Besetzung der Maschinen mit 2 Mannschaften, die je 12 Stunden Dienst machen.

Transport. Die erforderliche Anzahl der Transportzüge und Transportmaschinen ergibt sich aus der Dimensionierung des Geräteparks.

Als Bedienungspersonal sind für jede Lokomotive 1 Führer und 1 Heizer nötig und außerdem für jeden Zug 1—2 Bremser, die zugleich die Wagen schmieren.

Zu diesem Aufwand kommen noch hinzu als ebenfalls zum Transport gehörig die Löhne der Weichensteller, Wächter an Kreuzungen mit Verkehrswegen, Gleisrichter, Sandtrockner und evtl. das Personal der Kohlenstation, falls eine solche zentral angelegt ist.

Bezüglich der Gleisrichter kann man annehmen, daß bei gutem Untergrund pro km Gleis 1 Mann nötig ist, bei schlechtem Untergrund hingegen je nach der Witterung 2—3 Mann.

Das Geschäft des Sandtrocknens wird meist vom Weichensteller nebenbei besorgt, sofern dies die Sicherheit und Intensität des Betriebes irgendwie gestattet.

Für die tägliche Arbeitszeit des Maschinenpersonals und die Besetzung bei ununterbrochener Tag- und Nachtschicht gilt auch hier das bei den Baggern Gesagte.

Einbau. Beim Einbau ist ein grundlegender Unterschied zu machen zwischen Ablagerungskippen und Dammkippen unter jeweiliger Berücksichtigung der Kippbarkeit des Bodens.

Als Mindestbesatzung der Kippe sind benötigt:

für $1^1/_4$ bis $1^1/_2$ cbm Holzkastenkipper . . . . . . 5 Mann
„ 2 „ $2^1/_2$ „ „ . . . . . 7—8 „
„ 3 „ $3^1/_2$ „ „ . . . . . 12 „
„ 4 „ „ . . . . . 14 „

Das Wievielfache dieser Zahlen tatsächlich an Mannschaften auf der Kippe zu beschäftigen ist, richtet sich ganz nach dem Grade der Beschickung.

Zu erwähnen ist dabei, daß für die großen Wagen schon seit längerer Zeit als lohnsparender Ersatz die sog. Selbstkipper auf den Markt gekommen sind, und daß sich dieselben angeblich gut bewährt haben sollen. Sie benötigen zum Kippen nur 2—3 Mann und sind zweifellos hervorragend geeignet bei großen Ablagerungskippen, während bei Dammkippen ihre Vorteile dadurch teilweise illusorisch werden, daß für die Verarbeitung des Materials auf jeden Fall eine gewisse Anzahl Leute auf der Kippe sein muß, und daß infolgedessen nur noch als positiver Gewinn die raschere Abfertigung der Züge selbst verbleibt.

Als Mittelding zwischen den Holzkastenkippern alten Schlages und diesen Selbstkippern hat die Philipp Holzmann A.-G. einen Holzkastenkipper mit verbesserter Kippvorrichtung gebaut, der bei 4 cbm Fassungsvermögen zu seiner Bedienung 7—8 Mann braucht und mit dem für den praktischen Baubetrieb recht gute Erfahrungen gemacht wurden.

Diese Verbesserungen sind jedoch noch viel zu vereinzelt, als daß sie eine allgemeine Grundlage für Kalkulationszwecke abgeben könnten, und die folgenden Angaben beruhen deshalb auf der Annahme, daß gewöhnliche Holzkastenkipper zur Verfügung stehen.

Ablagerungskippe. Unter der Voraussetzung, daß die Kippe nicht zu niedrig ist und das Material stehen bleibt, kann man rechnen, daß für die Kippmannschaft einschließlich Kippmeister an Löhnen entstehen die Gegenwerte von

0,15 Std./cbm bei leicht kippbarem Boden,
0,25   „   „   mittelschwer kippbarem Boden,
0,40   „   „   schwer kippbarem Boden.

Von der bisherigen Form der Angaben mußte in diesem Falle abgewichen werden, weil dafür ohne Kenntnis des Objekts jede Unterlage fehlt und allgemeine Angaben infolgedessen nur zu Verwirrungen Anlaß geben könnten.

Dammkippe. Für Dammkippen stellen sich unter den gleichen Voraussetzungen, wie sie für Ablagerungskippen gelten, die Stundenverbrauchszahlen auf der Kippe ungefähr wie folgt:

bei leicht kippbarem Boden . . . auf 0,20 Std./cbm
„ mittelschwer kippbarem Boden „ 0,35   „
„ schwer kippbarem Boden . . . „ 0,50   „

Bei kurzen Rampen sind diese Werte noch um etwa 20—30% zu erhöhen; bei Material, das zu Rutschungen neigt, ist ein Sicherheitszuschlag von mindestens 40—50% am Platze.

Werkstätte. Die Besetzung der Werkstätte und Stellmacherei ergibt sich aus den Darlegungen des IV. Abschnitts, soweit dieselben die laufenden Reparaturen betreffen, und daraus ist der Lohnanteil auf die Erdbewegung unschwer zu ermitteln.

Aus diesen 4 Teilbeträgen für Lösen und Laden, Transport, Einbau und Werkstätte wird dann der Gesamtlohnanteil berechnet und noch um den Zuschlag für soziale Lasten erhöht.

2. **Frachtanteil** s. S. 107.

3. **Materialanteil.** Hierher gehören die Auslagen für Kohlen, Schmier- und Putzmittel sowie die Hilfsbetriebsstoffe der Werkstätte.

Der dafür einzusetzende Betrag ist nach den im IV. und V. Abschnitt gegebenen Anleitungen auf einfache Weise zu bestimmen.

Für Verluste aller Art darf man auf die Endsumme dieses Anteils noch einen Zuschlag von mindestens 10% rechnen.

4. **Unkosten- und Gewinnanteil.** Dieser Anteil umfaßt die Aufwendungen für Abschreibung und Verzinsung der sämtlichen für die Erdbewegung bereitgestellten Geräte und Werkzeuge auf die Dauer der eigentlichen Bauarbeiten und auf die Summe der gesamten Selbstkosten (Löhne, Materialien und Abschreibung und Verzinsung) noch den „Zuschlag für allgemeine Unkosten und Gewinn".

b) Abhub von Rasen oder Mutterboden.

1. **Lohnanteil.** Im allgemeinen wird man annehmen können, daß eine Kolonne von 1 Vorarbeiter mit 8 Mann in 8 Stunden etwa 250 qm Rasen zu stechen und seitlich auszusetzen vermag.

Handelt es sich um den Abtrag von gewöhnlichem Mutterboden, so darf man rechnen, daß 1 Schachtmeister mit 20 Mann im Handbetrieb täglich 120 cbm abhebt und aussetzt, sofern die Transportweiten nicht mehr als 50 m betragen.

Ist die Entfernung wesentlich größer, so ist zu untersuchen, ob nicht etwa die Einrichtung eines Lokomotivbetriebes mit 600 mm Spurweite wirtschaftlicher wird.

Zu den Lohnaufwendungen kommt noch der Zuschlag für soziale Lasten.

2. **Frachtanteil** s. S. 107.

3. **Materialanteil** fällt hier weg.

4. **Unkosten- und Gewinnanteil.** Derselbe besteht in diesem Falle lediglich aus dem „Zuschlag für allgemeine Unkosten und Gewinn".

c) Rodungsarbeiten.

1. **Lohnanteil.** Die Aufwendungen dafür sind sehr verschieden. Wenn nicht große Wurzelstöcke in erheblicher Anzahl zu entfernen sind, so wird man im Durchschnitt mit ungefähr 0,5 Std./qm auskommen; sind solche Stöcke vorhanden, so kann der Lohnanteil auf das Doppelte dieses Betrages und noch mehr anwachsen.

Zu den Lohnaufwendungen kommt dann noch der Zuschlag für soziale Lasten.

2. **Frachtanteil** s. S. 107.

3. **Materialanteil** fällt hier weg.

4. **Unkosten- und Gewinnanteil.** „Zuschlag für allgemeine Unkosten und Gewinn."

d) Abtreppungen.

Bei der Schüttung von Dämmen auf stark geneigten Hängen ist es notwendig, daß vor Beginn der Schüttung der Untergrund durch Herstellung von Abtreppungen vorbereitet wird.

1. **Lohnanteil.** Der Lohnanteil ist annähernd der gleiche wie beim Lösen und Laden des Bodens im Handbetrieb und ist zu erhöhen um den Zuschlag für soziale Lasten.

2. **Frachtanteil** s. S. 107.

3. **Materialanteil** fällt hier weg.

4. **Unkosten- und Gewinnanteil.** „Zuschlag für allgemeine Unkosten und Gewinn.“

e) Planierungsarbeiten.

Die Planierungsarbeiten spielen hauptsächlich eine große Rolle bei Gewinnung des Bodens mittels Löffelbagger und Eimerbagger mit loser Kette, und es ist durchaus nicht zutreffend, daß das beim Bagger ständig zugeteilte Personal diese Arbeiten restlos, sozusagen nebenbei, machen kann.

1. **Lohnanteil.** Man muß vielmehr damit rechnen, daß selbst bei sorgfältiger Baggerung dafür je nach dem Material Aufwendungen in Höhe von etwa 0,2—0,4 Std./qm anfallen, wozu dann noch der Zuschlag für soziale Lasten kommt.

2. **Frachtanteil** s. S. 107.

3. **Materialanteil** fällt hier weg.

4. **Unkosten- und Gewinnanteil.** „Zuschlag für allgemeine Unkosten und Gewinn.“

f) Rasen- oder Humusandecken.

Der Aufwand für das Andecken von Rasen oder Humus schwankt ganz außerordentlich je nach der Höhe der anzudeckenden Böschungen und dem Umstand, ob das Material von unten oder von oben beigebracht wird.

1. **Lohnanteil.** Braucht das Material nur geladen, kurze Strecken beigefahren, entladen und angedeckt zu werden, so kann man rechnen, daß anfallen:

für 1 qm Rasen ansetzen . . . . 0,4 Std.
und „ 1 „ Humus 0,15 m stark andecken und ansäen 0,3 „

Muß das Material von unten auf hohe Böschungen gebracht werden, so kommt zu den vorstehenden Beträgen für je 2,5 m Höhe ein Zuschlag von 0,15 Std.; kann es dagegen von oben beigeschafft werden, so genügt derselbe Zuschlag schon für etwa 3,5—4 m Höhendifferenz.

Zu diesen Beträgen kommt, wie überall so auch hier, der Zuschlag für soziale Lasten.

2. **Frachtanteil** s. S. 107.

3. **Materialanteil.** Unter dieser Rubrik ist der Grassamen zu verrechnen. Der Bedarf kann mit ungefähr 0,5 kg pro Ar angenommen werden.

4. **Unkosten- und Gewinnanteil.** „Zuschlag für allgemeine Unkosten und Gewinn.“

g) Schüttgerüste.

Sind bei Ausführung einer Arbeit größere Schüttgerüste notwendig, so sind diese gesondert zu berechnen.

1. **Lohnanteil.** Die dabei anfallenden Löhne können überschlägig zu 30 Handwerker- und 20 Hilfsarbeiterstunden für den Kubikmeter verbautes Holz angenommen werden. Der sich auf dieser Grundlage ergebende Betrag ist zu erhöhen um den Zuschlag für soziale Lasten.

2. **Frachtanteil** s. S. 107.

3. **Materialanteil.** Der untere Teil der Schüttgerüste wird in den allermeisten Fällen verloren sein, so daß man im allgemeinen rechnen kann, daß höchstens die Hälfte des Gesamtholzbedarfs wieder weggebracht wird. Den Holzbedarf kann man auf einfache Weise überschlägig ermitteln, indem man den verbauten Luftraum durch die Zahl 30 teilt, d. h. auf 1 cbm verbauten Raum 0,033 cbm Holz rechnet.

Der Bedarf an Gerüstschrauben und Klammern beläuft sich auf ungefähr 25 kg/cbm und muß ebenfalls zur Hälfte als verloren gerechnet werden.

Der wiederzugewinnende Teil der Materialien ist mit einem je nach der Art des Schüttmaterials größeren oder geringeren Betrag von den Gesamtbeschaffungskosten abzusetzen.

4. **Unkosten- und Gewinnanteil.** „Zuschlag für allgemeine Unkosten und Gewinn.“

3. Baustellenabräumung.

a) Abbau und Aufräumungsarbeiten.

1. **Lohnanteil.** Hierher gehören die Löhne für den Abbau des gesamten Bauinventars und eine gründliche Überholung desselben (die sog. Schlußreparatur), für das Aufladen auf die Rollwagen oder sonstigen Transportmittel, den Transport zum Entladebahnhof, das Verladen auf Waggons und die ordnungsgemäße Wiederinstandsetzung der benutzten Grundstücke.

α) Abbau des Bauinventars — Schlußreparatur. Für den Abbau der Geräte und Baracken (die letzteren, soweit sie in Tafeln zerlegbar sind, einschließlich Reparatur der einzelnen Teile und, soweit dies nicht der Fall, einschließlich Ausnageln) kann man durchschnittlich 75% der Aufwendungen für die Montage einsetzen.

Für die Überholung der Baumaschinen, Rollwagen usw. kommen dazu noch die Löhne, wie sie sich aus den diesbezüglichen Darlegungen des IV. Abschnitts ergeben.

β) Aufladen auf Transportmittel. Hierfür gilt sinngemäß das über das Abladen auf der Baustelle bei den Einrichtungsarbeiten Gesagte.

γ) Transport zum Entladebahnhof. Die Kosten ergeben sich auf die gleiche Weise wie jene für den Transport zur Baustelle bei den Einrichtungsarbeiten.

δ) Verladen der Waggons. Wie schon bei den Einrichtungsarbeiten erwähnt wurde, kann man rechnen, daß bei Vorhandensein entsprechender Einrichtungen für das Verladen schwerer oder unhandlicher Geräte eine Verladekolonne von 1 Vorarbeiter mit 7 Mann in 8 Stunden im Mittel 30 Tonnen Baugeräte sachgemäß verladen kann.

ε) Wiederinstandsetzung der benutzten Grundstücke. Dieselbe umfaßt die Entfernung der Betonfundamente u. dgl., die Säuberung von Holz- und sonstigen Arbeitsüberresten und die Aufbringung einer entsprechenden Humusschicht und wird am besten schätzungsweise ermittelt.

Zu der Gesamtlohnsumme kommt alsdann noch der Zuschlag für die sozialen Lasten.

2. Frachtanteil s. S. 107.

3. Materialanteil. Hierher gehört bei Lastkraftwagentransport mit eigenen Wagen der Verbrauch an Betriebsstoff, Schmier- und Putzmitteln sowie der Gummiverschleiß; bei Transport mittels Rollbahn der Verbrauch an Kohle, Schmier- und Putzmittel für den Abtransport der Geräte von der Baustelle zum Verladebahnhof.

Außerdem gehören hierher die Auslagen für Kohlen, Schmier- und Putzmittel sowie sonstige Betriebsstoffe und Hilfsbetriebsstoffe zur Vornahme der Schlußreparatur in Werkstätte und Stellmacherei.

4. Unkosten- und Gewinnanteil. Dieser Anteil umfaßt die Aufwendungen für Abschreibung und Verzinsung der sämtlichen Geräte und Werkzeuge auf die Dauer der Baustellenabräumung und Schlußreparatur und auf die Summe all dieser Beträge zusammen (Löhne, Materialien und Abschreibung und Verzinsung) noch den „Zuschlag für allgemeine Unkosten und Gewinn".

b) Abtransport der Geräte.

Für denselben gelten die gleichen Berechnungsgrundlagen wie für den Antransport der Geräte mit der Einschränkung, daß Frachten im allgemeinen nur dann zu Lasten des Absenders gehen, wenn der Empfänger nicht eine andere Baustelle, sondern ein Lagerplatz ist.

VII. Praktisches Beispiel für die Ermittlung der wirtschaftlichsten Art, Unebenheiten im Gelände zu überwinden.

Der Erdaushub bei einem Kanalbaulos bestehe aus 400 000 cbm trockenem Kies und sei an einer im Mittel 3000 m entfernten Stelle abzulagern. Der Höhenunterschied zwischen dem Gelände an der Gewin-

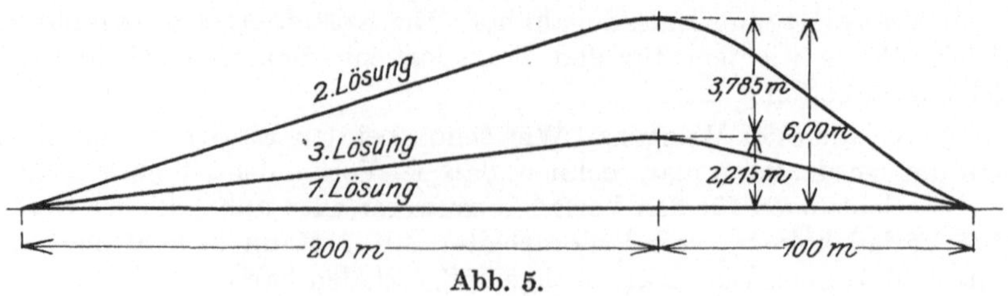

Abb. 5.

nungsstelle und der Ablagerungsstelle betrage 6 m. Der Ablagerungsstelle vorgelagert sei eine Geländewelle, die sich an ihrer höchsten Stelle
nochmals 6 m über das Niveau der Ablagerungsstelle erhebt und deren
Längenschnitt an der einzig möglichen Linienführung der Rollbahn aus
vorstehender Skizze ersichtlich ist.

Die vorgeschriebene Bauzeit sei 1 Jahr.

Dimensionierung des Geräteparks.

A. **Bagger.** Das Gelände an der Gewinnungsstelle sei ziemlich
eben und der Einschnitt durchschnittlich 10 m tief, so daß die Verwendung von Eimerbaggern das Gegebene ist.

$$
\begin{aligned}
&\text{Gesamtbauzeit} \dots\dots\dots\dots\dots 12 \text{ Monate}\\
&\text{ab für Einrichtung und Abbau} \dots 3 \quad ,,\\
&\hline
&\qquad\qquad\qquad \text{Baggerzeit} \quad 9 \text{ Monate}
\end{aligned}
$$

400 000 : 9 = 44 444 cbm Baggerleistung pro Monat.

Nach Tab. 14 kann diese Leistung bei täglich 12 Stunden Arbeitszeit von einem einzigen Lübecker Bagger, Type E I mit 250 l Eimerinhalt (oder auch neue Type E II), bewältigt werden.

B. **Fahrpark.** Es sei an dieser Stelle gleich vorweggenommen,
daß für das Transportgleis nur 900 mm Spurweite in Frage kommt. Die
mittlere Leistung eines Lübecker Baggers, Type E I mit 250 l Eimerinhalt, beträgt pro Baggerstunde nach Tab. 1 für mittelschweren Boden
185 cbm.

Der für den Materialtransport erforderliche Wagenpark ergibt sich
dann aus den Formeln:

$$
F = \frac{L}{60} \cdot \left(\frac{2\,l}{v} + t_u + t_k + t_b \right)
$$

und

$$
Z = \frac{F}{f} + 1 \text{ Zug am Bagger.}
$$

Im vorliegenden Falle ist nun

$L = 185 + 35\% \text{ aus } 185 = 250 \text{ cbm};$

$l = 3000 \text{ m};$

v für 900-mm-Spur-Lokomotiven $= 200 \text{ m};$

$t_u = 3$ Min., weil auf der vollen Rundfahrt einmal umgesetzt werden muß;

$t_k = $ angenommen zu 10 Min.

$t_b = 10$ Min., weil eine zentrale Kohlen- und Wasserstation geplant ist.

$$
F = \frac{250}{60} \cdot \left(\frac{2 \cdot 3000}{200} + 3 + 10 + 10 \right) = 221 \text{ cbm};
$$

d. h. der Bagger braucht von dem Augenblick der Abfahrt eines Zuges
bis zum Wiedereintreffen desselben unter ihm Fassungsraum für 221 cbm
gewachsenen Boden. Die Auflockerung beträgt für Kies 15%, so daß der
gesamte, zur Verfügung stehende Laderaum betragen muß:

$$
221 + 15\% \text{ aus } 221 = 255 \text{ cbm};
$$

$$
255 \text{ cbm} = 3 \cdot 85 \quad = \begin{cases} 3 \text{ Züge mit je 22 Wagen von} \\ 4 \text{ cbm Fassungsvermögen.} \end{cases}
$$

Die für den Bagger erforderliche Gesamtzugszahl ist dann

$$Z = \frac{255}{88} + 1 = 4 \text{ Züge}.$$

Der absolute Höhenunterschied zwischen Gewinnungsstelle und Ablagerungsstelle beträgt 6 m und verteile sich, von der Geländewelle vorerst ganz abgesehen, auf die ganze Strecke, ohne daß dabei besondere Steigungen vorkommen.

Für den Betrieb sollen Lokomotiven von 160 PS Leistung zur Verfügung stehen.

$$s_m = \frac{6000}{3000} = 2\,^0/_{00}.$$

Bei $2\,^0/_{00}$ mittlerer Steigung kann eine Lokomotive von 160 PS nach Abb. 4 (S. 33) auf jeden Fall wesentlich mehr schleppen, als hier verlangt ist, so daß diese Untersuchung damit als abgeschlossen gelten könnte.

Wäre die bewußte Geländewelle nicht vorhanden, so würden die 4 Zugslokomotiven und eine Reservemaschine vollkommen ausreichen.

Überwindung der Geländewelle. Für die Überwindung der Geländewelle sollen vorerst die beiden Grenzfälle untersucht werden: einmal, daß dieselbe durch einen entsprechend tiefen Einschnitt von 4 m Sohlenbreite und mit einmaligen Böschungen gänzlich ausgeschaltet wird und das andere Mal, daß sie ohne jede besondere Erdarbeit unter Zuhilfenahme von Schubmaschinen überwunden wird.

1. **Lösung.** Die zu leistende Erdarbeit ergibt sich zu

$$\frac{4+16}{2} \cdot 6 \cdot \frac{1}{2} \cdot (200 + 100) = 9000 \text{ cbm}.$$

Hierfür wird ein Handschacht mit 600-mm-Spur-Lokomotivbetrieb eingesetzt und das Material in der naheliegenden Ablagerungsstelle gekippt. Die Wiedereinfüllung des Einschnitts erfolgt am Schlusse der Arbeiten mit Material aus dem Kanal.

Unter Zugrundelegung eines Durchschnittslohnes von 40 Pfg. pro Stunde wird der Aufwand für diese Arbeiten überschlägig berechnet werden können zu $9000 \cdot 1,50 = 13\,500$ M.

2. **Lösung.** Zur Berechnung der aus dieser Lösung erwachsenden Kosten soll nur die Steigung von 200 m Länge und $30\,^0/_{00}$ ins Auge gefaßt werden, weil man den jenseitigen Abstieg zur Kippe durch Dammschüttung auf alle Fälle mindestens so gestalten wird, daß der Leerzug durch die Zugsmaschine ohne Nachschub zurückgebracht werden kann.

Eine Lokomotive von 160 PS Leistung vermag nach Abb. 4 (S. 33) auf einer Steigung von $30\,^0/_{00}$ ungefähr das 3,3fache ihres Dienstgewichtes zu schleppen, also $3,3 \cdot 18,7 = 61,71$ t.

Der Zug von 22 Wagen à 4 cbm wiegt $22 \cdot (2,4 + 4 \cdot 1,7) = 202,4$ t, so daß nach Abzug der zulässigen Belastung für die Zugsmaschine den Schubmaschinen noch $202,4 - 61,7 = 140,7$ t verbleiben.

Zur Bewältigung dieser Leistung braucht man unter Annahme von 2 Schubmaschinen, so daß auf jede derselben $\dfrac{140,7}{2} = 70,35$ t treffen, Lokomotiven von $\dfrac{70,35}{3,3} = 21,32$ t Dienstgewicht oder 200 PS Leistung.

Die Kosten dieser Lösung errechnen sich wie folgt:

1. Mehrverbrauch an Kohle für die Zugsmaschinen:

$$G = 18,7 \text{ t}$$
$$Q_0 = 61,71 \text{ t}$$
$$Q = G + Q_0 = 80,41 \text{ t}$$
$$w = \frac{18,7 \cdot 10 + 61,71 \cdot 6}{80,41} = 6,93 \text{ kg/t}$$
$$h_1^r = \qquad\qquad\qquad 6,000 \text{ m}$$
$$h_w^{1\,r} = 0,001 \cdot 6,93 \cdot 200 = 1,386 \text{ m}$$

$$H_w^r = \qquad\qquad\qquad 7,386 \text{ m}$$
$$A^r = 80,41 \cdot 7,386 = 593,91 \text{ tm}$$
$$K = \frac{593,91}{270} \cdot 3,0 = \quad 6,6 \text{ kg/Zug}$$

Anzahl der Züge:

$$400\,000 + 15\% \text{ aus } 400\,000 = 460\,000 \text{ cbm}$$
$$460\,000 : 88 = 5228$$
$$5228 \cdot 6,6 = 34\,500 \text{ kg Kohle.}$$

2. Kohlenverbrauch der Schubmaschinen:

Anzahl der durchschnittlich pro Tag geförderten Züge

$$(160 + 15\% \text{ aus } 160) \cdot 12 : 88 = 25$$

$12 : 25 = 0,48$, d. h. die Schubmaschinen haben alle 0,48 Stunden einen Zug über die Rampe zu befördern.

Nimmt man die Rampenfahrzeit zu 2 Minuten $= 0,033$ Stunden an, so bleiben als reine Dampfhaltungspausen:

$$0,48 - 0,033 = 0,447 \text{ Std.}$$
$$G = 22,35 \text{ t}$$
$$Q_0 = 70,35 \text{ t}$$
$$Q = G + Q_0 = 92,7 \text{ t}$$
$$w = \frac{22,35 \cdot 10 + 70,35 \cdot 6}{92,7} = 6,97 \text{ kg/t}$$
$$\alpha = \frac{70,35}{92,7} = 75,9\%$$
$$h_1 = \qquad\qquad\qquad\quad 6,000 \text{ m}$$
$$h_w^1 = 0,001 \cdot 6,97 \cdot 200 = \quad 1,394 \text{ m}$$
$$h_0 = 75 \cdot (1 - 0,759) \cdot 0,447 = 8,080 \text{ m}$$

$$H_w = \qquad\qquad\qquad\qquad 15,474 \text{ m}$$
$$A = 92,7 \cdot 15,474 = 1434,44 \text{ tm}$$
$$K = \frac{1434,44}{270} \cdot 4,20 = 22,3 \text{ kg/Zug}$$

$$5228 \cdot 22,3 = 116\,584 \text{ kg}$$
Kohlenzuschlag für das Anheizen $\quad 9 \cdot 23 \cdot 68 = \underline{\quad 14\,076 \text{ ,,}}$
$$130\,660 \text{ kg}$$
$$2 \cdot 130\,660 = 261\,320 \text{ kg Kohle.}$$

3. Schmier- und Putzmittelverbrauch der Schubmaschinen:
Anzahl der Betriebsstunden pro Maschine

$$9 \cdot 23 \cdot 12 = 2484 \quad = 2500 \text{ Std.}$$

Zylinderöl . .	$2 \cdot 2500 \cdot 0{,}110 =$	550 kg
Maschinenöl .	$2 \cdot 2500 \cdot 0{,}200 =$	1000 „
Putzöl . . .	$2 \cdot 2500 \cdot 0{,}020 =$	100 „
Putzwolle . .	$2 \cdot 2500 \cdot 0{,}030 =$	15 „

4. Kosten für das Maschinenpersonal:

2 Lokomotivführer $2 \cdot 9 \cdot 23 \cdot 14 = 5796 = 5800$ Std.
2 Heizer desgl. . . . . $= 5800$ „
Zuschlag für soziale Lasten 10%.

5. Instandsetzung und Schlußreparatur:

Laufende Reparaturen $2 \cdot 2500 : 4 = 1250$ Std.
Schlußreparatur . . . . $2 \cdot 1000 = 2000$ „
Zuschlag für soziale Lasten 10%.
Zuschlag für Wasserstoff usw. (siehe S. 70) 20%.

Die Kosten der Hauptbetriebsstoffe für die Werkstätte werden für diesen
speziellen Fall zweckmäßig ebenfalls in Form eines prozentualen Zuschlags auf
die Löhne in Rechnung gestellt. Die Höhe desselben wird angesetzt mit 20%.

6. Abschreibung und Verzinsung auf 1 Jahr (siehe Tab. 60):

$$2 \cdot 1 \cdot 12\% \text{ aus } 16\,500 \text{ M.} = 3\,960 \text{ M.}$$
$$2 \cdot 1 \cdot 15\% \text{ „ } 15\,000 \text{ M.} = 4\,500 \text{ „}$$
$$2 \cdot 1 \cdot 1200 \text{ M.} \qquad = 2\,400 \text{ „}$$
$$\overline{ 10\,860 \text{ M.}}$$

Sieht man ab von den außerdem noch anfallenden Kosten verschiedener Art
(z. B. Kosten für An- und Abtransport u. dgl. m.), so ergeben sich allein aus den
voraufgeführten Bestandteilen folgende Beträge:

Ziff.	1	34 500 kg	Kohle à 0.02 M.		=	690.—	M.
„	2	261 320 „	Kohle à 0.02 M.		=	5 226.40	„
„	3	500 „	Zylinderöl à 0.50 M.		=	275.—	„
		1 000 „	Maschinenöl à 0.50 M.		=	500.—	„
		100 „	Putzöl à 0.25 M.		=	25.—	„
		150 „	Putzwolle à 0.60 M.		=	90.—	„
„	4	11 600 Stunden	à 0.40 M.		=	4 640.—	„
		10% aus	4640.— M.		=	464.—	„
„	5	3250 Stunden	à 0.40 M.		=	1 300.—	„
		50% aus	1300.— M.		=	650.—	„
„	6				=	10 860.—	„

Insgesamt   24 720.40 M.

3. Lösung. Nachdem auf vorstehende Weise die Kosten für die
beiden Grenzfälle ermittelt wurden, soll an dritter Stelle noch untersucht
werden, wie sich das wirtschaftliche Bild gestaltet, wenn man den gol-
denen Mittelweg wählt und in das Gelände nur so weit einschneidet,
daß die Züge eben noch ohne Nachschub über die Steigung kommen.

$$202{,}4 : 18{,}7 = 10{,}82,$$

d. h. das Zugsgewicht ist das 10,82fache des Dienstgewichtes der Lokomotive.

Dieses Gewicht vermöchte die Maschine nach Abb. 4 (S. 33) eben
noch zu schleppen bei einer dauernden Steigung von rund 7⁰/₀₀.

Nun handelt es sich aber hier nur um eine verhältnismäßig kurze Steigung, und es ist deshalb ohne weiteres anzunehmen, daß es durch Schaffung guter Anfahrtsmöglichkeiten gelingt, den Zug vor Beginn der Rampe auf seine Normalgeschwindigkeit $v =$ rd. 4 m/Sek. zu bringen und dadurch eine kinetische Energie in ihn zu legen, die sich ergibt zu

$$\frac{1}{2} M v^2 = \frac{1}{2} \cdot \frac{221,10}{9,81} \cdot 4^2 = 180,32 \text{ tm} .$$

Die Reibungs- und sonstigen Widerstände werden nach wie vor von der Lokomotive überwunden, und die Höhe, welche der Zug allein vermöge dieser ihm innewohnenden lebendigen Kraft zu erklimmen vermag, erhält man aus der Gleichung:

$$Q \cdot h = \tfrac{1}{2} \cdot M \cdot v^2$$

oder $\qquad\qquad 221,10 \cdot h = 180,32$

zu $\qquad\qquad\qquad h = 0,815 \text{ m} .$

Zusammen mit der oben festgestellten Dauersteigung von $7\,^0/_{00}$ könnte der Zug also ohne Nachschub eine Höhendifferenz von

$$200 \cdot 0,007 + 0,815 = 2,215 \text{ m}$$

überwinden, so daß in diesem Falle der Einschnitt in das Gelände nur noch $6,000 - 2,215 = 3,785$ m tief zu werden brauchte.

Die aus dieser Lösung erwachsenden Kosten betragen:

Erdarbeit

$$\frac{4 + 11,57}{2} \cdot 3,785 \cdot \tfrac{1}{2} \cdot (200 + 100) = 4420 \text{ cbm}$$

4420 cbm à 1.50 M. = $\qquad\qquad\qquad\qquad$ 6630.— M.

Mehrverbrauch an Kohle

$$Q = 221,1 \text{ t}$$
$$H_w^r = \quad 2,215 \text{ m}$$
$$A^r = 221,1 \cdot 2,215 = 489,74 \text{ tm}$$
$$K = \frac{489,74}{270} \cdot 4,20\,[1]) = \quad 7,62 \text{ kg/Zug}$$
$$5228 \cdot 7,62 = 40\,000 \text{ kg Kohle}$$

40 000 kg Kohle à 0.02 M. = $\qquad\qquad\qquad\qquad$ 800.— „

$\qquad\qquad\qquad\qquad\qquad\qquad\qquad$ Insgesamt 7430.— M.

Von den 3 auf ihre Wirtschaftlichkeit geprüften Lösungen ist demnach die letzte diejenige, welche mit Abstand die geringsten Kosten verursacht und deshalb für die Ausführung zu wählen ist.

Der große Unterschied in den Kosten zeigt aber auch augenfällig, daß es recht lohnend ist, nicht nur gefühlsmäßig zu arbeiten, sondern derartigen Anlagen genaue Berechnungen vorausgehen zu lassen, denn es könnte sonst sehr wohl vorkommen, daß man sich in dem noch zulässigen Maß der Steigung irrt und dann eine Schubmaschine einsetzen muß. Was dieser Irrtum kostet, läßt sich aus der zweiten Lösung unschwer beurteilen.

---

[1]) Die Verhältnisse sind ähnlich denen bei den Schubmaschinen für Rampenfahrten, und infolgedessen ist der dort ermittelte Wert einzusetzen.

Schlußwort.

An Hand dieser Ausführungen wird es möglich sein, die für ein Bauvorhaben mit großem Maschineneinsatz erwachsenden Anforderungen einigermaßen zuverlässig zu ermitteln, und wenn, wie dies im Vorwort betont wurde, ein derartiger Aufbau von den Firmen und Bauleitern benutzt wird, um genaue Nachkalkulationen anzustellen und vor allem die Versuche und Untersuchungen über den Betriebsstoffverbrauch der Maschinen fortzusetzen und die Arbeitsmethoden zu veredeln, so ist damit ein wichtiger Schritt vorwärts auf dem Gebiete einer allgemeinen Hebung der Wirtschaftlichkeit im Tiefbau getan, und der Erfolg kann nicht ausbleiben zum Vorteil für den einzelnen wie für die Gesamtheit.

Quellenangabe.

Handbuch der Ingenieurwissenschaften.
Janssen, Th.: Der Bauingenieur in der Praxis.
Rathjens, J.: Erfahrungsergebnisse über Trockenbaggerbetriebe.
Ritter, H.: Kostenberechnung im Ingenieurbau.
Eckert, H.: Über Verdingungswesen und Kostenberechnung im Tiefbau. Dissertation.
Oerley, L.: Die maßgebende Arbeitshöhe der Eisenbahn. (Sonderabdruck aus dem Organ für die Fortschritte des Eisenbahnwesens Jahrg. 1922, Heft 3.)
Kataloge und Angaben folgender Firmen:
Lübecker Maschinenbau-Gesellschaft Lübeck.
Menck & Hambrock G. m. b. H., Altona-Ottensen.
J. A. Maffei, München.
Klein, Schanzlin & Becker A.-G., Frankenthal, Pfalz.

Betriebskosten und Organisation im Baumaschinenwesen. Ein Beitrag zur Erleichterung der Kostenanschläge für Bauingenieure mit zahlreichen Tabellen der Hauptabmessungen der gangbarsten Großgeräte. Von Dipl.-Ing. Dr. **Georg Garbotz,** Privatdozent an der Techn. Hochschule Darmstadt. Mit 23 Textabbildungen. (128 S.) 1922.   4.20 Goldmark

Kalkulation und Zwischenkalkulation im Großbaubetriebe. Gedanken über die Erfassung des Wertes kalkulativer Arbeit und deren Zusammenhänge. Von **Rudolf Kundigraber.** Mit 4 Abbildungen. (62 S.) 1920.
2.50 Goldmark

Kostenberechnung im Ingenieurbau. Von Dr.-Ing. **Hugo Ritter.** (120 S.) 1922.   3.40 Goldmark

Organisation und Betriebsführung der Betontiefbaustellen. Von Dr.-Ing. **A. Agatz,** Baurat in Bremen. Mit 29 Abbildungen und Musterformularen. (88 S.) 1923.   3.60 Goldmark

Die Bagger und die Baggereihilfsgeräte. Ihre Berechnung und ihr Bau. Von Reg.- und Baurat **M. Paulmann,** Emden, und Reg.-Baum. **R. Blaum,** Direktor der Atlaswerke A.-G., Bremen.
Erster Band. **Die Naßbagger und die dazu gehörenden Hilfsgeräte.** Bearbeitet von **M. Paulmann** und **R. Blaum.** Zweite, vermehrte Auflage. Mit 598 Textabbildungen und 10 Tafeln. (289 S.) 1923.   Gebunden 21 Goldmark
Zweiter Band: **Die Trockenbagger.**   In Vorbereitung

Die Ventilatoren. Berechnung, Entwurf und Anwendung. Von Dr. sc. techn. **E. Wiesmann,** Ingenieur. Mit 135 Abbildungen, 10 Zahlentafeln und zahlreichen Rechnungsbeispielen. (201 S.) 1924.   Gebunden 10.50 Goldmark

Theorie des Trägers auf elastischer Unterlage und ihre Anwendung auf den Tiefbau nebst einer Tafel der Kreis- und Hyperbelfunktionen. Von japanisch. Dr.-Ing. **Keiichi Hayashi,** Professor an der Kaiserlichen Kyushu-Universität Fukuoka-Hakosaki, Japan. Mit 150 Textfiguren. (312 S.) 1921.
11 Goldmark

Zur Berechnung des beiderseits eingemauerten Trägers unter besonderer Berücksichtigung der Längskraft. Von **Fukuhei Takabeya,** japanischer a. o. Professor und Dr.-Ing. an der Kaiserlichen Kyushu-Universität, Japan. Mit 28 Textabbildungen und 2 Formeltafeln. (56 S.) 1924. 3 Goldmark

Erddruck auf Stützmauern. Von Prof. **Richard Petersen,** Danzig. Mit 80 Abbildungen. (84 S.) 1924.   5.40 Goldmark; gebunden 6.30 Goldmark

Die Grundwasserabsenkung in Theorie und Praxis. Von Dr.-Ing. **Joachim Schultze,** Privatdozent an der Technischen Hochschule zu Berlin. Mit 76 Textabbildungen. (143 S.) 1924.   6 Goldmark; gebunden 7 Goldmark

Aufgaben aus dem Wasserbau. Angewandte Hydraulik. Von Dr.-Ing. **Otto Streck.** 40 vollkommen durchgerechnete Beispiele. Mit 133 Abbildungen, 35 Tabellen und 11 Tafeln. (371 S.) 1924.
Gebunden 11.40 Goldmark

Vorlesungen über Eisenbeton. Von Dr.-Ing. **E. Probst,** ord. Professor an der Technischen Hochschule in Karlsruhe.
Erster Band: **Allgemeine Grundlagen. — Theorie und Versuchsforschung. — Grundlagen für die statische Berechnung. — Statisch unbestimmte Träger im Lichte der Versuche.** Zweite, umgearbeitete Auflage. Mit 70 Textabbildungen. (631 S.) 1923. Gebunden 24 Goldmark
Zweiter Band: **Anwendung der Theorie auf Beispiele im Hochbau, Brückenbau und Wasserbau. — Grundlagen für die Berechnung und das Entwerfen von Eisenbetonbauten. — Allgemeines über Vorbereitung und Verarbeitung von Eisenbeton. — Richtlinien für Kostenermittlungen. — Architektur im Eisenbeton. — Amtliche Vorschriften.** Mit 71 Textfiguren. (650 S.) 1922.
Gebunden 20 Goldmark

Die Grundzüge des Eisenbetonbaues. Von Geh. Hofrat Professor Dr.-Ing. e. h. **Max Foerster** in Dresden. Zweite, verbesserte und vermehrte Auflage. Mit 170 Textabbildungen. (424 S.) 1921.   Gebunden 10 Goldmark

Die Arbeitsfestigkeit der Eisenbetonbalken. Von Ingenieur **Wilhelm Thiel.** Mit 4 Abbildungen im Text. (57 S.) 1924.   2.25 Goldmark

Die Methode der Festpunkte zur Berechnung der statisch unbestimmten Konstruktionen mit zahlreichen Beispielen aus der Praxis insbesondere ausgeführten Eisenbetontragwerken. Von Dr.-Ing. **Ernst Suter.** Mit 591 Figuren im Text und auf 15 Tafeln. (745 S.) 1923.
19 Goldmark; gebunden 21 Goldmark

Taschenbuch für Bauingenieure. Unter Mitwirkung von Fachleuten herausgegeben von Geh. Hofrat Professor Dr.-Ing. e. h. **Max Foerster** in Dresden. Vierte, verbesserte und erweiterte Auflage. Mit 3196 Textfiguren. In zwei Teilen. (2415 S.) 1921.   Gebunden 16 Goldmark

Der Bauingenieur. Zeitschrift für das gesamte Bauwesen. Organ des Deutschen Eisenbau-Verbandes und des Deutschen Beton-Vereins. Organ der Deutschen Gesellschaft für Bauingenieurwesen mit Beiblatt: **Die Baunormung.** Mitteilungen des NDI. Herausgegeben von Professor Dr.-Ing. e. h. **M. Foerster**-Dresden, Professor Dr.-Ing. **W. Gehler**-Dresden, Professor Dr.-Ing. **E. Probst**-Karlsruhe, Dr.-Ing. **W. Petry**-Oberkassel, Dipl.-Ing. **W. Rein**-Berlin.   Vierteljährlich 6 Goldmark zuzüglich Porto